爱自然巧发现

奇妙的贝类

（日）池田 等●著

王玥　雨晴●译

中国林业出版社

➡ 50拟初雪宝螺

➡ 50玛瑙宝螺

➡ 57麦螺

➡ 67斑带鬘螺

➡ 51寿司宝螺

色泽花纹亮丽的贝壳

大海的藏宝箱

➡ 104琉璃紫螺

➡ 104紫螺

➡ 99梨形鹑螺

➡ 99玉珠粗皮鬘螺

➡ 75桃花樱蛤

➡ 44扭钟螺

➡ 73日月蛤

➡ 42大鲍螺

➡ 70日本榧螺

➡ 67正织纹螺

➡ 71赤斑笋螺

➡ 69铁栅笔螺

➡ 75花瓣樱蛤

➡ 78巴非蛤

➡ 82珠带拟蟹守螺

➡ 45珠宝钟螺

➡ 71车轮螺

3

➡79肋宝角贝

➡54菱角螺

➡105扁船蛸

形状奇特的贝壳

大海的藏宝箱

➡101旋梯螺

➡56亚洲千手螺

➡92绮蛳螺

➡67小枇杷螺

➡54玫瑰骗梭螺

➡92翼法螺

➡57小海蛳螺

➡95钻笋螺

➡ 93 女巫骨螺

➡ 93 三角芭蕉螺

➡ 63 长板宽柱海笋

➡ 62 山羊海菊蛤

➡ 89 翁戎螺

➡ 89 星螺

➡ 61 短翼珍珠贝

➡ 48 毛盖螺

➡ 94 日本塔肩棘螺

➡ 86 长竹蛏

目录

大海的藏宝箱　色泽花纹亮丽的贝壳………P2

大海的藏宝箱　形状奇特的贝壳………P4

第1章　贝的结构与生活

什么是"贝"？………P10

贝类的结构！………P12

了解贝类的生存方式！………P14

贝类生活在哪里？………P20

第2章　贝与人类的生活

生活中的贝壳………P24

用于除厄或作护身符的贝壳………P26

用来做游戏的贝壳………P28

有收藏价值的贝壳………P30

有趣的贝壳采集………P32

可以食用的贝类………P34

＊采集贝壳只限于用在有意义的用途上。请不要随意采集，而且要把数量控制到最少哦。

第3章　贝类图鉴

生活在岩礁上的贝类·········P38

生活在沙地里的贝类·········P64

生活在海湾和滩涂中的贝类·········P80

生活在深海中的贝类·········P88

过着浮游生活的贝类·········P103

第4章　贝壳收集指南

认识大海！·········P108

观察、收集贝壳的方法·········P110

观察在海岸拾到的贝壳！·········P114

制作贝壳标本！·········P116

有关贝类的各种问题·········P119

资料页·········P120

索引·········P121

中国的贝壳展馆······P126

结束语·········P127

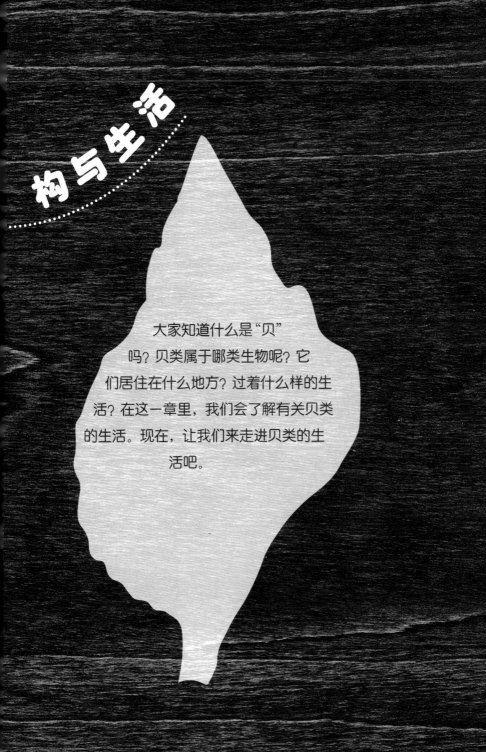

构与生活

大家知道什么是"贝"吗？贝类属于哪类生物呢？它们居住在什么地方？过着什么样的生活？在这一章里，我们会了解有关贝类的生活。现在，让我们来走进贝类的生活吧。

什么是"贝"?

贝类和软体动物

在科学分类上贝类属于软体动物。不过，尽管贝类 = 软体动物，但实际上软体动物还包括没有贝壳的海蛞蝓等生物。大多情况下，贝类指的是单壳或双壳类的、有贝壳的一类生物。

广义上说，藤壶、海胆、螃蟹等动物也有外壳，但是它们在分类上不属于贝类。

如下图所示，软体动物门分为无板纲、尾腔纲、多板纲、单板纲、腹足纲、掘足纲、双壳纲、头足纲共八纲。

软体动物类型繁多，全世界已知超过10万种。单单在日本，就生活着超过8000种软体动物。

软体动物
- 无板纲 ···· 如巴氏毛皮贝
- 尾腔纲 ············ 大部分毛皮贝类
- 多板纲 ··· 如花棘石鳖
- 单板纲 ···· 如新笠板贝
- 腹足纲 ··· 一般的单壳贝（螺）、蜗牛、海兔（海蛞蝓）等
- 掘足纲 ············ 角贝类
- 双壳纲 ····· 双壳贝类
- 头足纲 ····· 如乌贼、章鱼、鹦鹉螺等

与贝类相似的动物

在系统发育学和解剖学等研究学科还没出现的年代，大家都是用肉眼观察来判断生物构造的。因此在那时，有很多与贝类外形相似的动物，都被误归入贝类大家族里。

【舌形贝、酸浆贝】

看起来像是双壳类，但它们从壳里伸出的肉茎会吸附在其他东西上，身体构造与双壳类有区别。实际上它们属于腕足动物门。

腕足动物

绿舌形贝

酸浆贝

【簪沙蚕】

外壳的形状和属于单壳类的蛇螺相似。其实它和环节动物门中的沙蚕才是一家。它们造出的壳，是它们自己栖身的巢穴。

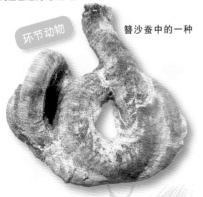

环节动物

簪沙蚕中的一种

【贝螅】

贝螅最初附生在球栗寄居蟹的小贝壳表面。在成长的过程中它环绕盘旋，逐渐和贝壳浑然一体。其实，它属于刺胞动物门中的水螅属种。它的身体是由一种叫几丁质*的物质组成的。

刺胞动物

贝螅

＊几丁质：构成螃蟹等甲壳类动物的壳、昆虫的外骨骼等物质的通称。

【龟足、藤壶】

它们附着在潮间带*的岩礁上，壳中的蔓足是它们特有的器官。所以，尽管它们长得也像贝壳，实际上它们却和虾、蟹一样，属于节肢动物门中的甲壳类动物。

节肢动物

龟足

藤壶

＊潮间带：➡P120
＊岩礁：➡P120

贝类的结构!

贝壳的结构

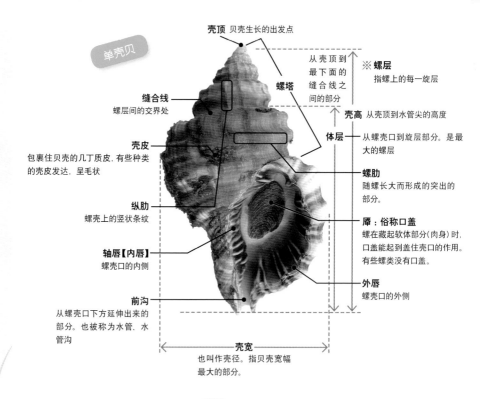

单壳贝

壳顶 贝壳生长的出发点

螺塔

从壳顶到最下面的缝合线之间的部分

※ **螺层**
指螺上的每一旋层

壳高 从壳顶到水管尖的高度

体层 从螺壳口到旋层部分。是最大的螺层

缝合线
螺层间的交界处

螺肋
随螺长大而形成的突出的部分

壳皮

包裹住贝壳的几丁质皮，有些种类的壳皮发达，呈毛状

纵肋
螺壳上的竖状条纹

厣：俗称口盖
螺在藏起软体部分(肉身)时，口盖能起到盖住壳口的作用。有些螺类没有口盖。

轴唇【内唇】
螺壳口的内侧

外唇
螺壳口的外侧

前沟
从螺壳口下方延伸出来的部分。也被称为水管、水管沟

壳宽
也叫作壳径。指贝壳宽幅最大的部分。

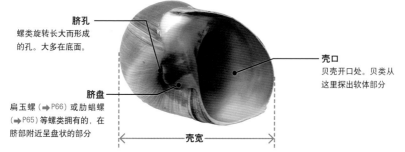

脐孔
螺类旋转长大而形成的孔。大多在底面。

壳口
贝壳开口处。贝类从这里探出软体部分

脐盘
扁玉螺(➡P66)或肋蜑螺(➡P65)等螺类拥有的，在脐部附近呈盘状的部分

壳宽

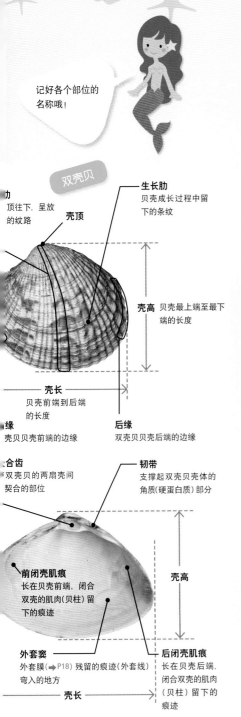

记好各个部位的名称哦！

双壳贝

力
顶往下，呈放
的纹路

壳顶

生长肋
贝壳成长过程中留
下的条纹

壳高 贝壳最上端至最下
端的长度

壳长
贝壳前端到后端
的长度

缘
壳贝贝壳前端的边缘

后缘
双壳贝贝壳后端的边缘

合齿
双壳贝的两扇壳间
契合的部位

韧带
支撑起双壳贝壳体的
角质（硬蛋白质）部分

前闭壳肌痕
长在贝壳前端，闭合
双壳的肌肉（贝柱）留
下的痕迹

壳高

外套窦
外套膜（➡ P18）残留的痕迹（外套线）
弯入的地方

后闭壳肌痕
长在贝壳后端，
闭合双壳的肌肉
（贝柱）留下的
痕迹

壳长

贝的大小

　　世界上最大的贝类，是生活在冲绳以南的西太平洋中的大砗磲。它壳高136厘米，重达210千克。单壳贝的话，则要数居住在澳大利亚北部海域中的澳大利亚喇叭螺，最大的壳长超过77厘米。另外，分布在美国东南部至墨西哥东北部的马螺，个头大的壳长也接近60厘米，在单壳贝类中排名第二。

　　世界上最长的贝，是分布在菲律宾一带的巨蛀船蛤。它的栖管*部分能达到150厘米长。

　　在日本，比较大的有法螺，壳长45厘米左右。另外，若论个头小的贝类，还有壳径仅为0.5毫米左右的凹马螺。

澳大利亚
喇叭螺

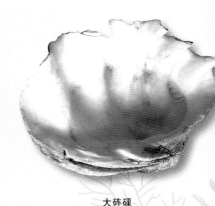

大砗磲

＊**栖管**：某些贝类或沙蚕分泌形成的管状结构。

了解贝类的生存方式！

贝的诞生

贝类中既有雌雄异体，也有雌雄同体*。同样，它们受精的方法，既有体外受精*，也有体内受精*。单壳贝类大部分为体内受精，不过也有鲍鱼、笠螺、角蝾螺 (➡ P45) 这些，会把卵子和精子释放到海洋中，进行体外受精的类型。还有菲律宾蛤仔之类的双壳贝也是体外受精的。

一般来说，大部分的贝类，都是由卵孵化成担轮幼虫，再成长至面盘幼虫。这段时间它们都在海中过着浮游生活。等到贝壳长成，它们才会各自在合适的地方定居下来。有一部分贝类比较特殊，它们在破卵而出时就已经是稚贝状态了。

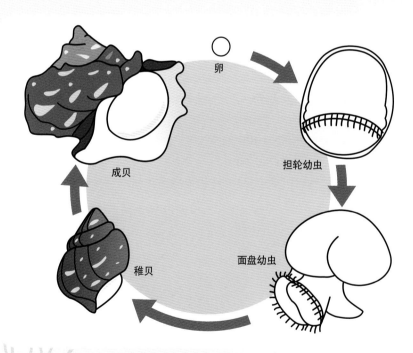

卵

成贝

担轮幼虫

稚贝

面盘幼虫

* **雌雄异体和雌雄同体**：同一个体中既有雄性生殖器官、又有雌性生殖器官的就是雌雄同体。反之则为雌雄异体。
* **体外受精**：将卵子和精子排出体外再受精的繁殖方法。
* **体内受精**：亲代不将卵子排出体外，在雌体体内受精的繁殖方法。

贝的食性

　　单壳贝类有一种叫齿舌的器官，它们利用齿舌把食物从口中送入消化器官。齿舌由几丁质构成，有许多像锉刀一样的小齿排列在上面。

　　单壳贝类的食性大致可以分为藻食性、肉食性、杂食性以及腐屑类食性等。大部分的双壳类以滤食海洋中的浮游生物和有机物[*]，或者靠取食海底泥中的有机物生存。

*有机物：一定含有碳。以碳为基础，结合氢、氮、氧的化合物。一氧化碳、二氧化碳中虽含有碳，却属于无机物。

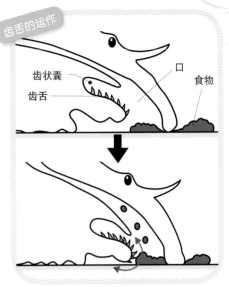

齿舌的运作

齿状囊
齿舌
口
食物

齿舌前后蠕动，将食物碾碎后运入口中

藻食性的贝类

　　这些贝类以海藻[*]或海草[*]为食。比如以海藻中的腔昆布或爱森藻为食的马蹄螺（➡P43）、角蝾螺和鲍鱼，还有以石灰藻[*]或褐藻[*]为食的素面黑钟螺（➡P43）、李斯钟螺（➡P43）、白星螺（➡P46）等等。大驼石鳖类的绝大部分也以海藻为食。

　　另外，栖居在潮间带高处的短滨螺（➡P47）、鸟爪拟帽贝（➡P40）等，则以附着在岩石上的蓝藻、硅藻、绿藻、红藻、褐藻等为食。

*海藻：在海里生长的藻类。藻类指主要生活在水中或湿地中，进行光合作用的生物。
*海草：在海里生长的种子植物。
*石灰藻：钙含量丰富的硬质藻类。
*褐藻：褐色的藻类。包括腔昆布、爱森藻、裙带菜等。藻类中除它外还有蓝藻、硅藻、绿藻、红藻等种类。

大快朵颐

肉食性的贝类

肉食性的贝类中既有以活体动物为食的，也有吃动物尸体的。例如以海星为食的白法螺（→ P54）、以海参为食的黄口鹑螺（→ P66）等，它们吃的都是活着的动物。此外，以尸体为食物的有日本东风螺（→ P69）和正织纹螺（→ P67），以沙蚕类为食的有白线卷管螺（→ P70），以海鞘为食的有石榴螺等。

还有，扁玉螺和它的同类们，会使用齿舌将其他贝类的壳打开一个洞，然后吃掉里面的肉。有时被冲到海岸上的双壳贝上会有个圆洞，这就是扁玉螺它们干的好事。

芋螺类则有着特殊的猎食方式。它们用一种像"毒钩"一样的武器，伸出来抓住鱼等小动物进食。

杂食性的贝类

有些贝类除了以藻类为食，还会吃海绵*、海鞘，偶尔会吃动物的尸体。它们的食谱非常广，比如宝螺类。

* **海绵**：海绵动物。在全世界的海洋中都有其踪迹，体型大小各不相同。共同特征是体表有很多小孔。

腐屑类食性的贝类

　　腐屑，是由浮游生物或微生物的尸体或排泄物堆积在海底而形成的，换句话说就是有机物的集合。以这些积在海底泥土中的腐屑为食的贝类，包括多型海蜷（➡ P81）类以及杓蛤类等。

寄生与共生的贝类食性

　　除去上面介绍的，还有一些贝类，靠从其他生物身上获取营养而生存。它们在海胆、海星、海参等棘皮动物的身体，通过附着或进入体内的方式寄生，夺取养分。例如，生活在红海星体内的红海星寄生螺，以及附在赤海胆外壳上的栗螺等。

　　有一种叫海扇偏盖螺的种类，会附着在嵌条扇贝（➡ P72）上，把"螺吻"*伸进壳内吸夺营养。还有一种褐虫藻，生活在砗磲一类贝的细胞内。它利用砗磲类产生的二氧化碳进行光合作用。而与此同时，砗磲类的贝也能获得其产生的养分物质。生活在深海中的白瓜贝（➡ P102），也是通过与它共生的化学合成细菌*补充能量的。

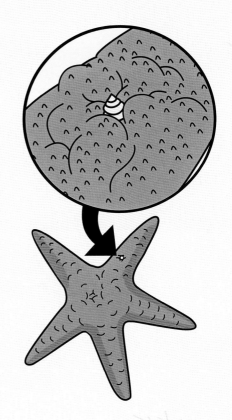

*螺吻：嘴部周围突出来的部分。

*化学合成细菌：通过氧化等化学反应获得能量的细菌。

贝壳的成长

　　贝壳实际上由一个叫外套膜的器官所形成。所有贝类都有外套膜，它除了形成贝壳，还有保护内脏和壳质的作用。

　　贝类的外套膜是长在内脏背面的一层薄薄的肌肉膜。从外套膜由壳口向外分泌出碳酸钙，以此形成贝壳。

　　外套膜能在同一时间形成贝壳的复杂形状、颜色和花纹，机能十分精妙。

　　一般来说，贝壳由壳皮、壳质层、壳质底层（珍珠层）3层所组成。

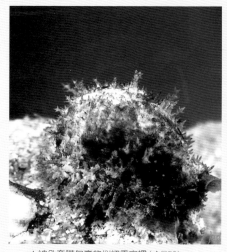

▲被外套膜包裹的拟初雪宝螺（➡P50）
　　大多数的贝类，是外套膜从壳口附近分泌出壳的，但宝螺类的外套膜能覆盖住贝壳全体

【宝螺的成长过程】

阿拉伯宝螺（➡P52）的幼贝

阿拉伯宝螺的未成熟贝

贝壳也会长大呢

阿拉伯宝螺的成贝

贝的寿命

▲北极蛤

说起贝类的寿命，眼高鲍有 10 年以上的寿命，角蝾螺能活 7 年以上，日本东风螺能活 6～7 年，紫贻贝(➡P83)则是 2～3 年。但是也有寿命长得惊人的，如分布在北美东岸的北极蛤以及加拿大的象拔蚌（译者注：中文正名为太平洋潜泥蛤），它们能活 100 多岁。另外，同一种贝类会因产地或生长环境的不同，寿命也会不一样。

小专栏

巨大的鲍鱼

在大多数人的认识里，鲍鱼的外壳，通常也就手掌那么大。但是，在日本产的鲍鱼中，有一种能长到很大的种类，叫做眼高鲍。从绳文时代（日本石器时代后期，公元前 12000 年～公元前 300 年）的遗迹中，曾经出土过壳长近 30 厘米的眼高鲍化石。大约 40 年前，人们还采到过壳长达到 25 厘米的个体。然而，现在完全找不到能长到这种程度的鲍鱼了。眼高鲍的小型化，也许是因为眼高鲍的生存环境变得恶劣，以及被过度采集的结果吧。

▲大个头的眼高鲍

贝类生活在哪里?

贝类的栖息场所

大多数贝类生活在海洋中，不过山野湖川中也能看到它们的踪迹。贝类能适应地球上多样的环境，说它们是遍布全球的生物也不为过。

在陆地上，有蜗牛、烟管蜗牛等陆生贝类。在湖川中，也生活着蚬、褶纹冠蚌这样的淡水贝类。

在海洋环境，从海岸边到潮间带，从浅海到水深接近 8000 米的深海地区，都有适应了相应环境的贝类安居其中。它们的生活区域包括沙地*、沙泥地*、泥地*、砂砾地*、贝壳质沙地*、贝壳质砂砾地*、卵石地带*、岩礁*、珊瑚礁*等等。

在海底沙地中生活着大多数螺类和双

山野
蜗牛

滩涂
多型海蜷

湖川
蚬

各种地方都有呢

壳贝类，以及半肋安塔角贝类。而在海底的沙泥地上，能够找到正织纹螺、白线卷管螺等的踪迹。我们还可以在海潮退去后露出的滩涂或红树林中，找到多型海蜷和一些独特的双壳贝。

在岩礁的潮间带，附着着大驼石鳖类和笠螺类。岩石里面或裂缝中，我们则经常能看到花斑钟螺。此外还有在岩礁或石头上打洞栖息的短石蛏、长板宽柱海笋等等。

在珊瑚残骸或珊瑚沙之中，同样有贝类的踪迹。柳珊瑚和海鸡冠上也会有卵梭螺（译者注：又名海兔螺）之类的贝类居住。

像寄生在无鳔鮋鱼中的谷米螺类，以及寄生在大蝼蛄虾腹部的大岛恋蛤，都体现了寄生贝类的特点。

深海里有一些地方喷涌着甲烷或硫化氢。在这些地方，可以找到白瓜贝等贝类。

另外，大多数贝类只在幼年期过着浮游生活。然而像紫螺、龟螺这些，它们的一生都在海面上漂浮度过。

＊沙地、沙泥地、泥地、砂砾地、贝壳质沙地、贝壳质砂砾地、卵石地带、岩礁、珊瑚礁和潮间带（➡P120）。

＊珊瑚沙：珊瑚礁碎掉后形成的沙质底质。

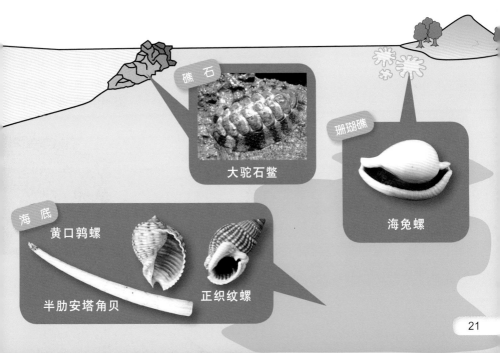

礁石
大驼石鳖

珊瑚礁
海兔螺

海底
黄口鹑螺
半肋安塔角贝
正织纹螺

第 2 章　贝与人类的生活

玉女宝螺

寿司宝螺

浮标宝螺

大家喜欢食用贝类吗？人类在很久很久以前，就开始食用贝类了。

但不仅如此，人类还利用贝壳做了很多很多事情。

在这一章里，我们将介绍人类利用贝类的方方面面。现在，我们就来看看人类是如何利用贝类的吧！

生活中的贝壳

贝类的利用

贝类（软体动物）大约在 5 亿~ 6 亿年前在地球上出现（古生代寒武纪）。人类的祖先则晚得多，是在 600 万~ 700 万年前出现的。到人类始祖的大脑进化到能够使用工具的程度时，又过了漫长的时间。从那时以来，人类不单将贝类作为食物，还将它们用于各种各样的用途。

韩国文蛤和围棋子

用黄宝螺做的贝币

牛蹄钟螺和贝壳纽扣

【围棋子】

围棋的白棋，可以用韩国文蛤(➡ P77)的壳打磨制成。制作棋子需要又大又厚的文蛤亚化石*。因为在棋子的原产地，宫崎县日向滩的文蛤壳数量急速减少，现在一般用墨西哥蛤的壳来代替了。

* 亚化石：在时间长度上未达到化石标准的物体。人类文明开始之前的时代被称为地质时代。通常，地质时代的遗留物叫化石，那之后的则叫亚化石。

【贝币】

古代的中国和非洲各国，都曾用宝螺作为货币。中国殷商朝代时使用的黄宝螺贝币，是最古老的货币。"贝"这个汉字，也是由宝螺的象形文字而来，所以被用做一些跟财产相关汉字的偏旁部首。

【贝壳纽扣】

制作贝壳纽扣，需要有珍珠层的贝壳。比如鲍鱼、夜光蝾螺、牛蹄钟螺、银塔钟螺、白蝶贝、黑蝶贝、企鹅珍珠贝等。

比起石油化学工业制出的纽扣，贝壳纽扣有独特的光泽。古代极为常见的贝壳纽扣，现在则成了高级物品。

▲贝壳浮雕

【浮雕】

　　浮雕指的是在石头或贝壳上雕刻成的装饰品。贝壳浮雕原本多用女王唐冠螺作原材料。现在则主要使用万宝螺或唐冠螺。

　　在意大利，贝壳浮雕是其著名产业之一。

【螺钿】

　　螺钿是一种将贝壳珍珠层取下，打磨成一定的厚度，然后镶嵌到漆器等中制成的工艺。贝壳的珍珠层在光的明暗变幻下，会发出青色或银色的光泽。

　　被用来制作螺钿的贝类包括鲍鱼、夜光蝾螺、白蝶贝、黑蝶贝、马氏珠母贝（➡P61）、淡水珍珠蚌等。

▲螺钿

【贝紫】

　　骨螺科的螺类能从鳃下腺中分泌出一种黏液。这种黏液氧化后会变成紫色。用这个方法来染色，就叫做"贝紫染色"。

　　贝紫染成的衣服价格昂贵，从前只有身份高贵的人才能穿，因而它也被称为"帝王紫"。在日本，海女会用疣荔枝螺（➡P56）在自己的手绢上标出名字的首字母缩写。

▲用脉红螺（➡P82）染成的贝紫（绢丝）

【珍珠】

　　生产珍珠，需要往贝类体内植入细胞小片（即外套膜的碎片），或用其他双壳贝贝壳加工制成的珠核。然后把它放入大海中，等待珍珠长成。被用于珍珠养殖的贝类包括马氏珠母贝、黑蝶贝、白蝶贝、企鹅珍珠贝等等。

珍珠项链

用于除厄或作护身符的贝壳

贝与信仰

在宗教或咒术活动中，贝壳是经常被使用的工具。我们通过发掘墓葬品，可以得知古人随身佩戴贝壳制品来辟邪。

11世纪左右的西班牙，欧洲扇贝作为基督教的标志，被人们装饰在身上。在印度，印度铅螺则是印度教的圣贝。

【法螺】

法螺的英文名字是trumpet shell（螺号），可以当作乐器发出声音。在日本，古时候就用法螺吹响作为信号，或者在供奉死者的仪式上使用。也可以将其作为装饰品，起到除厄或祈福的作用。

法螺分布在日本本州岛的南部以南。在不产法螺的地方，人们使用白法螺来替代。

就像个
"水"字

【水字螺】

这种贝壳的形状，看起来就像汉字的"水"字一样，所以被叫做"水字螺"。

在日本冲绳一带，还保留着将水字螺悬挂在门口或玄关处，以防火辟邪的风俗。

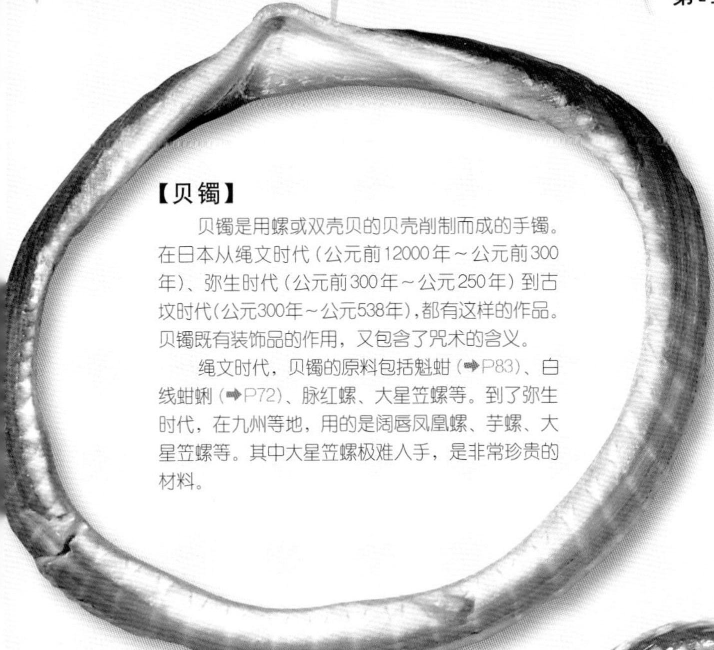

【贝镯】

贝镯是用螺或双壳贝的贝壳削制而成的手镯。在日本从绳文时代（公元前12000年～公元前300年）、弥生时代（公元前300年～公元250年）到古坟时代（公元300年～公元538年），都有这样的作品。贝镯既有装饰品的作用，又包含了咒术的含义。

绳文时代，贝镯的原料包括魁蛤（➡P83）、白线蚶蜊（➡P72）、脉红螺、大星笠螺等。到了弥生时代，在九州等地，用的是阔唇凤凰螺、芋螺、大星笠螺等。其中大星笠螺极难入手，是非常珍贵的材料。

用白线蚶蜊制成的手镯

【龟甲宝螺】

龟甲宝螺是壳长达10厘米左右的大型宝螺。它也被称为"子安贝"，能做祈祷安产的护身符。孕妇生产的时候，会把龟甲宝螺紧握在两手中，祈求母子平安无事。

【女巫骨螺】

女巫骨螺（➡P93）有一面长着棘*。人们因为这一形状，认为把它悬挂在玄关处就可以辟邪除厄。

现在日本有些地方仍保有这一风俗。

棘：角蝾螺的壳或海胆的外壳上常见的尖刺形状。

用来做游戏的贝壳

贝壳玩具

古时候的人们善于开发自然物，贝壳当然也是其中的一种，人们利用它的形状，将它做成各种各样的玩具。如今，虽然商店里陈列着琳琅满目的玩具，但是那种发掘自然万物的创造能力已经离我们远去，真令人遗憾。

【翻贝游戏】

"翻贝游戏"和"翻牌游戏"相似，在贴上金箔的文蛤壳里面，画上插图或花鸟画等来玩耍。把一个贝壳分为两半，在众多贝壳中找出图案相同的一对，如果翻开是不一致的贝壳就要重新来。在日本这个游戏从平安时代（约794～1192年）流传至今。

【肋蝲螺弹球儿】

从前，人们一般用小石头来玩弹球儿游戏。到了江户时代，肋蝲螺（➡P65）、炼珠蝲螺等也被当作弹球儿来玩了。用这些贝壳做弹球儿的话手感很好，圆鼓鼓的形状也很方便玩游戏。

后来，弹球儿渐渐被玻璃和塑料制品所取代。

【吹海酸浆】

把海酸浆放进嘴里，可以"卜——"地吹响。海酸浆是天狗角螺（➡P69）的卵囊，从前在土特产品店里很常见。但是随着天狗角螺数量减少，海酸浆也渐渐失了来源，现在我们再也看不到玩这种游戏的场景了。

顺带一提，脉红螺的卵囊被称作刺刀酸浆。铁锈长旋螺（➡P69）的卵巢叫指挥扇酸浆（译者注：指挥扇指的是日本古代军队大将或相扑比赛中裁判用的指挥扇）。白法螺的卵巢则叫做酒壶酸浆。

【贝壳陀螺】

把日本东风螺（➡P69）切割成陀螺的形状，填入黏土或沙子，用鞭子抽打让它旋转起来。这就是贝壳陀螺的原型。

贝壳陀螺最早出现在平安时代，一开始叫做"拜壳陀螺"（音译），后来在口耳相传中渐渐发生变化，成为现在的"贝壳陀螺"。

有收藏价值的贝壳

高价的贝壳

　　把贝壳作为收藏品的历史，可以追溯到很久很久之前。在古埃及等地方，收藏贝壳早已盛行。王侯贵族收藏大量的贝壳、矿物、岩石等自然物。进入 18 世纪，贝类收藏家将眼光放及全世界，通过拍卖等方式竞相收购。当然，珍贵或美丽的贝壳能卖出极高的价格，代表性的如宝螺和芋螺类等，有各种各样动人的故事流传至今。

　　为了保护自然环境和野生动物，尽量不要采集珍稀的贝类。

【翁戎螺科】

　　德国的动物学家弗朗茨·希尔根多夫，在日本神奈川县藤泽市江之岛上的土特产品店里，发现了一个无名的螺壳。1877 年，这个螺被发表为新种。英国的大英博物馆得知此事，以 1 个 100 美元的价格，委托东京大学收集这种螺壳。负责这一任务的是东京大学三崎实验所的青木熊吉先生。只要他在相模滩里找到这种螺，就能从东京大学处得到 40 日元的报酬。当时，因为这种螺就像贝类中的老人家，所以被称为"长者螺"。不过，因为在江户时代发行的《目八谱》一书中，已经将这种螺命名为"翁戎螺"（➡ P89），"长者螺"这个名字因此只成为了别称。

【王子宝螺】

　　虽然近年来在菲律宾可以采集到了，但在以前，王子宝螺是非常罕见、价格高昂的贝类。曾经有基督教的教徒向神许愿"如果能得到珍贵的贝壳，我愿捐款建立修道院"。结果他如愿以偿，收获了当时世界屈指可数的王子宝螺。因此他遵守约定向教会捐了款。

【海之荣光芋螺】

据说在1877年，海之荣光芋螺在全世界只被发现了十几个。

有个法国的贝类收藏家，认为除了一个叫瓦斯的荷兰收藏家手上的标本之外，自己拥有海之荣光芋螺就是世界上仅有的一份。在瓦斯将自己的标本拿出来拍卖的时候，他过关斩将终于打败其他竞买者，拍到了这份标本。据说他当即捶地长啸："我的贝壳现在是世界上独一无二的啦！"

近年来，海之荣光芋螺在菲律宾被大量采集，现在世界上有很多收藏家都拥有它了。

【寺町宝螺】

宝螺在收藏家中人气很高。从前，采集量极少的日本宝螺、平濑宝螺和寺町宝螺被合称为"日本三名宝"。传说还有美国人想拿名车凯迪拉克来交换寺町宝螺呢。

现在，虽然在菲律宾也能采集到一些寺町宝螺了。但是如果是日本产个头大的，市场价格依然高居不下。

【白兰地涡螺】

从明治到昭和年代，来自日本的潜水员纷纷远赴澳大利亚的阿拉弗拉海寻找贝壳。他们的目的是收集用于制作贝壳纽扣的材料，如白蝶贝、黑蝶贝、牛蹄钟螺等。

在这片海域，还生活着白兰地涡螺这种美丽的贝壳。潜水员们发现了它，把它带回，为的是和白人收藏家交换一瓶白兰地酒。这就是"白兰地涡螺"名字的由来。

有趣的贝壳采集

赶海和拾贝壳

赶海，指的是退潮时挖掘采集生活在沙滩和海岸湿地里的贝壳。可以收集到菲律宾蛤仔（➡ P86）、文蛤、中国蛤蜊（➡ P85）、四角蛤蜊（➡ P85）、长竹蛏（➡ 86）等双壳贝。采集长竹蛏的方法尤为有趣。先往它住的细长洞穴里撒进盐，因为受到刺激在它钻出来的一瞬间，紧紧抓住！

拾贝壳时，可以捡到如李斯钟螺（➡ P43）、笠螺等类型的海滨产物，但是在日本像鲍鱼这类型的贝类，因受到共同渔业权*法令（译者注：指共同利用某片水面进行的渔业）的限制，如果任意采集的话会受到法律处罚。

菲律宾蛤仔

长竹蛏

文蛤

＊共同渔业权：➡ P112

海滩寻宝

　　在海滨的沙滩上搜集各种漂洋过海而来的东西，是海滩寻宝的乐趣。把拾到的贝壳进行加工，做成首饰，制成艺术品等，也是沙滩寻宝的魅力之一。

在海滩上拾到的贝壳

好漂亮呀

贝壳挂坠

▲贝壳做成的刺猬

可以食用的贝类

市场里的贝

市场里的贝类多种多样。日本产的主要有鲍类、角蝾螺（➡ P45）、九孔鲍（➡ P42）、马蹄螺（➡ P43）、峨螺类、血蛤（译者注：又称魁蚶）、滑顶薄壳鸟蛤（➡ P85）、海松贝（➡ P85）、飞蛤、蛤仔、文蛤、韩国文蛤、扇贝、太平洋牡蛎（➡ P84）、岩牡蛎（➡ P62）、栉江珧（译者注：干制品即为瑶柱）（➡ P84）、厚壳贻贝、日本海神蛤（➡ P87），以及蚬类等等。在峨螺里

还包括海王星峨螺、日本海峨螺等很多种类。另外在冲绳一带的市场里，还能见到夜光蝾螺、金口蝾螺、巨蚌类、牛蹄钟螺等。

作为对日本产鲍鱼的补充，市场里还有从海外贩来的种类。如产自南非的南非鲍、美国的红鲍等。此外还有不属于鲍类而属于骨螺科的，从南美进口的智利鲍鱼。从韩国进口的则有角蝾螺、蛤仔、中华文蛤、血蛤（译者注：又称魁蚶）等等。

市场里能看见的贝类

水产店

欢迎选购

欢迎光临

很好吃的哦

130-160

5063 150

角蝾螺

鲍鱼

扇贝

贝塚

　　从古到今，贝类都是人类重要的食材。所谓贝塚，就是古代人丢弃垃圾的地方，由贝壳堆积而形成的遗迹。日本的贝塚从绳文时代延续至弥生时代，这大量的贝壳，证明了古代人对贝类的喜食程度。

　　在出土了大量贝塚的东京湾沿岸，数量占据绝对优势的是文蛤。此外还有练珠蜡螺、太平洋牡蛎、蛤仔、脉红螺、血蛤、毛蚶（➡ P83）、飞蛤、海松贝等。

以前的人也很喜欢贝呢

▲位于千叶县的加曾利贝塚。在东京湾靠近千叶县一侧，也出土了大量炼珠蜡螺（照片上半部分能看见的许多小螺。大的双壳贝是文蛤。）

贝毒

　　贝毒是指一般的蛤仔或牡蛎等双壳贝在摄入有毒的浮游植物后，自身毒素积累的情况。也指人类吃了毒化的贝类后发生食物中毒的症状。

　　贝毒因其症状可分为麻痹性贝毒、腹泻性贝毒、神经性贝毒及记忆丧失性贝毒。麻痹性贝毒的中毒症状，发生在食用后30分左右，舌头和嘴唇麻痹，身体难以动弹，严重时有可能导致死亡。下痢性贝毒的症状，则是在食后30分钟至数小时时间，发生腹泻、呕吐、腹痛，不过一般 2～3 日就能痊愈。

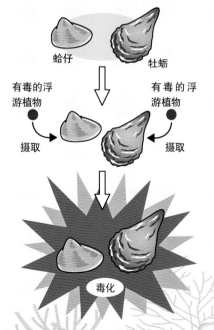

蛤仔　　　　牡蛎

有毒的浮游植物　　　　有毒的浮游植物

摄取　　　　摄取

毒化

第3章　贝类图鉴

图鉴页的阅读方法

【松叶笠螺】————— 中文名

描述 ——— 壳身花纹既有好似松叶一样放射状的，也有波浪花纹的，还有两种花纹并存的个体。附着在潮间带的岩礁上。

所属分类 ———

嫁笠科	
分　布	房总半岛、男鹿半岛以南
栖息场所	潮间带的岩礁、人工建筑物
壳长	6厘米

栖息的地域

栖息的环境

壳的长度

大家能认出哪

些贝类呢？

赶潮的时候看见的蛤仔

和四角蛤蜊？

成为餐桌佳肴的角蝾螺或贻贝？

贝的种类数不胜数，

些出现在传说中的贝壳美丽不可方物，

有些贝壳奇妙莫测让你看不出身份。

在这一章中，

我们将介绍271种贝类。

让我们期待接下来会有哪些

贝类闪亮登场吧！

生活在岩礁上的贝类

岩礁上生活着
很多贝类哦

岩礁

虽然统称为岩礁*，实际上它涵盖了多种地形的概念。包括平缓的岩礁、崎岖不平的岩礁、碎石地带*、有些地方还会出现沙砾地*或沙地*。地处不同海岸，受到的海浪影响状况也不同。这些环境的差异性，是岩礁上除了贝类，还能有其他各种生物生活栖息的重要条件。因此即使同样生活在岩礁，地方不同，也能发现不同种类的贝。

岩礁的表面有凹坑、有裂缝，这样的区域很适合贝类或其他生物生存，是生物在强烈日照或波浪冲击等严酷条件下的天然庇护所。为了不被波浪卷走，岩石上的贝类有各种绝招：用吸盘吸住岩石表面；把自己的壳固定住；用足丝*黏住；在岩石上打洞做窝；等等。

这一节，我们将介绍生活在潮间带*到浅海区域岩礁上的主要贝类。

*岩礁、碎石地带、沙砾地、沙地、潮间带：➡P120

*足丝：厚壳贻贝或马氏珠母贝（➡P61）等的双壳贝为附着住岩石而分泌出的丝状物。

【大驼石鳖】

石鳖类，以壳上长有八块壳板*为特征。一般附着在潮间带的岩礁、岸壁、海防工事等地方，极为常见。

石鳖科	
分　布	日本、韩国、中国东海
栖息场所	潮间带的岩礁、人工建筑物
壳　长	7 厘米

＊**壳板**：指石鳖类的壳，一般有8块。

【毛肤石鳖】

生活在有潮水*流动的潮间带碎石下。身上有像毛一样的棘束*，壳比大驼石鳖略小。

毛肤石鳖科	
分　布	中国渤海、黄海、东海和南海
栖息场所	潮间带的碎石
壳　长	6 厘米

＊**潮水**：指涨潮落潮时海水在水平方向的流动。

＊**棘束**：石鳖类的棘集中生长的部分。

【星笠螺】

死去的空壳很容易被海水冲上海岸。活着的时候螺壳上通常附有海藻，是比较难发现的贝类。

星笠螺科	
分　布	马来半岛、中国台湾等地
栖息场所	潮下带至 5 米深处的岩礁
壳　长	5 厘米

【松叶笠螺】

　　壳身花纹既有好似松叶一样放射状的，也有波浪花纹的，还有两种花纹并存的个体。附着在潮间带的岩礁上。

嫁笠科	
分　　布	日本房总半岛、男鹿半岛以南
栖息场所	潮间带的岩礁、人工建筑物
壳　　长	6 厘米

【嫁帽螺】

　　壳既有扁平状的，也有有厚度的。花纹多变。生活在潮间带的岩礁、碎石和防波堤等地方。

嫁笠科	
分　　布	日本北海道南部以南
栖息场所	潮间带的岩礁、人工建筑物
壳　　长	5 厘米

【斗笠螺】

　　螺壳表面的纹路*和色彩类型多样。一般附着于能被浪打到的潮间带上部的岩礁、防波堤、海防建筑物等地方。

嫁笠科	
分　　布	日本、韩国、中国台湾等地
栖息场所	潮间带的岩礁、人工建筑物
壳　　长	5 厘米

【鸟爪拟帽贝】

　　这种贝壳的形状就像鸬鹚的脚爪，所以叫"鸟爪拟帽贝"。附着在岩礁上，有回到原来附着的地方的习性（归巢性）。在潮间带上部可以找到它们。

白笠贝科	
分　　布	中国、日本南部
栖息场所	潮间带的岩礁、人工建筑物
壳　　长	3 厘米

* 纹路：在贝壳上可见的大大小小的刻痕。

【杜氏小节贝】

　　壳上有灰色、黑褐色的斑点花纹。壳顶*高高抬起，约有20条连接内外的肋*。常见于海浪经常冲刷的潮间带上部岩礁处。

白笠贝科	
分　　布	日本北海道以南
栖息场所	潮间带的岩礁、人工建筑物
壳　　长	3厘米

＊壳顶：➡P12

＊肋：随贝长大而长成，数量逐渐变多。也称为螺肋（➡P12）

【花边青螺】

　　壳体型较小，典型的外观是由暗褐色和白色斑点形成的花纹，也有花纹特殊的个体。多附着于潮间带上部的岩礁或防波堤等处。

白笠贝科	
分　　布	中国大陆和台湾、日本
栖息场所	潮间带的岩礁、碎石、人工建筑物
壳　　长	1厘米

【鸭嘴螺】

　　这种螺在活着的时候，软体部*会背着壳移动，所以乍看之下很像海牛一类的生物。常见于潮间带岩礁的裂缝或石头里面。

裂螺科	
分　　布	日本北海道以南
栖息场所	潮间带的岩礁
壳　　长	3厘米

＊软体部：指软体部分，单用于贝类。

【钥孔蝛】

　　外壳上部有一纵向的孔，被称为顶孔，呈钥匙孔状，因此得名。壳的颜色从灰色到红褐色不等，在海边上就能捡到。

裂螺科	
分　　布	日本房总半岛、新泻以南
栖息场所	潮间带的岩礁
壳　　长	1.5厘米

【西宝透孔螺】

壳的上部靠前位置，有一个椭圆形的顶孔。在潮间带的岩礁上偶见，不过偶尔海浪会把它的壳冲上海岸。

裂螺科	
分　　布	韩国、中国台湾、日本等地
栖息场所	潮间带的岩礁
壳　　长	2 厘米

【黑盘鲍】

螺肉比起其他鲍类略显黑色，因此有此名。喜好生活在岩礁中的暗处，以腔昆布等海藻类为食。个头大的壳长可达 20 厘米。

耳鲍科	
分　　布	日本海全域、茨城县以南
栖息场所	潮间带至水深 20 米处的岩礁
壳　　长	15 厘米

【大鲍螺】

相较于黑盘鲍，壳体较平且圆。壳上有 3～4 个孔，有些壳内部呈现青色的珍珠光泽*，非常美丽。

耳鲍科	
分　　布	日本房总半岛、男鹿半岛以南
栖息场所	潮间带至水深 30 米处的岩礁
壳　　长	15 厘米

*珍珠光泽：贝壳内面呈现珍珠色的部分。

【九孔鲍】

比黑盘鲍、大鲍螺体积小。壳孔 7～8 个为主，老龄*之后壳长也就 10 厘米左右。生活在石块或岩礁的裂缝中。

耳鲍科	
分　　布	中国广东、福建沿海，日本等地
栖息场所	潮间带至水深 10 米处的岩礁
壳　　长	6 厘米

*老龄：上了年纪的意思。

【李斯钟螺】

壳表面有多道肋痕，一般为黑色。偶尔会有罕见的暗绿色、茶褐色。螺壳底面的脐部*呈绿色。

钟螺科	
分　布	中国浙江、日本北海道南部以南
栖息场所	潮间带的岩礁
壳　长	3厘米

*脐部：螺类的脐孔和脐盘所在的位置。

【素面黑钟螺】

壳面光滑，没有像李斯钟螺那样的肋痕，纯黑。脐部呈绿色或黄绿色。多见于潮间带的碎石地带。

钟螺科	
分　布	中国台湾、韩国、越南、日本等地
栖息场所	潮间带的岩礁、碎石地带
壳　长	3厘米

【粗瘤黑钟螺】

本种与李斯钟螺、素面黑钟螺等的脐部是闭着的不同，脐部成圆状，开口很深。一般生活在潮水平缓、靠近内湾的区域里。

钟螺科	
分　布	中国浙江、日本北海道以南等地
栖息场所	潮间带至水深5米处的岩礁、碎石地带
壳　长	3厘米

【马蹄螺】

螺壳呈圆锥形，脐部打开。常见于腔昆布和爱森藻等海藻繁茂的地方。在有些地方被叫成"公螺"，螺肉可食用。

马蹄螺科	
分　布	日本本州东北以南
栖息场所	潮间带至水深10米处的岩礁
壳　长	5厘米

【圆草席钟螺】

壳表面的斑痕就像草席上的纹路,因此有了"圆草席钟螺"这个名字。壳口*有齿状突起。在潮间带上部的石头下面或岩石裂缝等地可以找到它。

钟螺科	
分　布	中国台湾、日本北海道南部以南等地
栖息场所	潮间带的岩礁、碎石地带
壳　长	2厘米

＊壳口:➡P12

【扭钟螺】

壳表面光滑,和圆草席钟螺一样,在壳口有齿状突起。它一般生活在潮间带上部的碎石下面,或者岩石背后等背阴环境的地方。

钟螺科	
分　布	中国台湾、日本等地
栖息场所	潮间带的碎石、岩礁
壳　长	1.5厘米

【腰带钟螺】

螺壳呈圆锥形,底色是黄褐色,上面偶尔有黑褐色的斑纹*。生活在受潮水影响较大的潮间带下部至较深水位的岩礁处。

钟螺科	
分　布	中国、日本等地
栖息场所	潮间带至水深10米处的岩礁
壳　长	2厘米

【齿轮钟螺】

外壳为圆锥形,周围有齿轮形状的突起,色彩为灰绿色杂有红褐色的斑纹。生活在受潮水影响较大的潮间带下部至较深水位的岩礁处。

钟螺科	
分　布	中国台湾、日本、韩国等地
栖息场所	潮间带至水深10米处的岩礁
壳　长	3厘米

＊斑纹:斑状的花纹。

【珠宝钟螺】

螺壳呈细长圆锥形，由红褐色、黄褐色等多种颜色混合而成，类型丰富。生活在海藻类丰富的岩礁处，空壳会被海浪冲上岸。

钟螺科	
分 布	日本北海道南部以南
栖息场所	潮间带至水深10米处的岩礁
壳 长	1.5厘米

【古琴多子螺】

塔*身低，壳口宽敞，壳的表面有很多凸起的小颗粒*。生活在潮间带的石头下面。能在海岸上捡到它们的壳。

钟螺科	
分 布	中国福建南部、日本本州东北以南
栖息场所	潮间带至水深5米处的岩礁
壳 长	1厘米

＊塔：指螺塔（➡P12）。会有"塔高、塔低"的说法。
＊颗粒：指贝壳上的小突起。

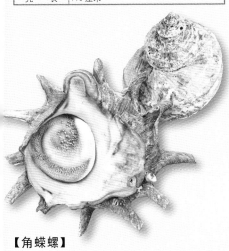

【角蝾螺】

有些壳上有棘，有些没有，变化很丰富。厣*上有石灰质形成的漩涡形的沟。以海藻为食，所以生活在多海藻的岩礁上。

蝾螺科	
分 布	中国、日本北海道南部以南、朝鲜半岛南部海域等地
栖息场所	潮间带至水深50米处的岩礁
壳 长	10厘米

【高腰蝾螺】

与角蝾螺相似，但体型较小且没有棘，厣上也没有漩涡状的沟。蝾螺类也可依据厣的不同加以区别。在潮水漫过的碎石海滩上很常见。

蝾螺科	
分 布	中国西沙、台湾、日本房总半岛、山口县以南等地
栖息场所	潮间带至水深5米处的岩礁
壳 长	3厘米

＊厣：指口盖 ➡P12

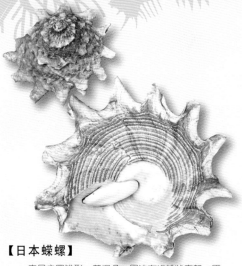

【日本蝾螺】

壳呈扁圆锥形，黄褐色，周边有齿轮状突起。厣的一边是有角的四边形。可以用抓龙虾用的底刺网*捕捞到。

蝾螺科	
分　布	日本本州东北以南
栖息场所	水深 20 ～ 50 米处的岩礁
壳　长	10 厘米

*底刺网：用于捕捞生活在海底的鱼和贝类的渔网。

【塔星螺】

螺壳呈红褐色，底轴*附近呈橙红色。周围有2排棘，厣有白色光泽。可以用抓龙虾用的渔网捕捞起来。

蝾螺科	
分　布	中国台湾、日本等地
栖息场所	水深 20 ～ 100 米处的岩礁
壳　长	5 厘米

*轴：也称为壳轴，指从壳顶到水管为止的贝壳中心部位。

【白星螺】

壳为圆锥形，周边有齿轮状突起。整体呈白色，底面的轴及厣周围则为紫红色。生活在潮水较丰富的岩礁处。

蝾螺科	
分　布	房总半岛、男鹿半岛以南
栖息场所	潮间带至水深 10 米处的岩礁
壳　长	3 厘米

【朝鲜花冠小月螺】

有些个体壳面光滑，有些则有大小突起的颗粒。色彩从黄褐色到灰绿色不等。多见于潮间带上部的岩礁，在靠近海湾的海域里也能找到。

蝾螺科	
分　布	中国北部、日本北海道南部以南
栖息场所	潮间带的岩礁、碎石地带
壳　长	2.5 厘米

【渔舟蜑螺】

壳塔较低圆。壳的体层*颜色为白底间黑色斑纹，壳口则为白色或黄色。厣呈半月形，有小颗粒状凸起。

蜑螺科	
分　　布	中国、越南、新加坡、日本等地
栖息场所	潮间带的岩礁、碎石地带
壳　　长	2厘米

＊体层：➡P12

【花斑蜑螺】

螺壳呈半球形，比较光滑，黑底色上有暗黄色的花斑。厣呈半月形，上有细小颗粒。生活在潮间带上部的岩礁或碎石地带。

蜑螺科	
分　　布	中国台湾、日本房总半岛以南等地
栖息场所	潮间带的岩礁
壳　　长	1.5厘米

【短滨螺】

外壳长得像算盘珠子，有4～5条肋（螺肋），颜色有褐色、黑褐色、白色纹带等种种变化。可以在岩礁的潮间带上部至飞溅带*等地方发现它的踪迹。

滨螺科	
分　　布	日本北海道以南
栖息场所	潮间带、飞溅带的岩礁
壳　　长	1厘米

＊飞溅带：➡P120

【粒结节滨螺】

壳呈灰白色，沿螺肋生长着小颗粒。体型大的个体螺塔很高。生活在飞溅带的岩礁中，比短滨螺的生长区域较靠前。

滨螺科	
分　　布	日本北海道南部以南
栖息场所	潮间带的岩礁
壳　　长	0.8厘米

【蟋蟀蟹守螺】

螺壳细长，上有粗糙不平的螺肋和纵张肋*。壳色有茶褐色、灰褐色等。在潮间带上部的岩礁可见。但近年来日本关东地区的数量在减少。

蟹守螺科	
分　布	日本房总半岛、男鹿半岛以南
栖息场所	潮间带的岩礁
壳　长	2.5 厘米

*纵张肋：螺体的各个螺层上生长着的粗大的肋条群。

【红娇凤凰螺】

乍看之下很像芋螺，实际上是凤凰螺科的红娇凤凰螺，与芋螺的区别在于外唇*开口处的厚度以及坑坑洼洼的唇等。

凤凰螺科	
分　布	中国台湾、菲律宾、日本等地
栖息场所	潮间带的岩礁
壳　长	6 厘米

*外唇：➡P12

【毛盖螺】

螺壳呈斗笠型，壳皮*上像长了一层黄褐色的毛。附着在藻类聚集的潮间带下部的岩礁上，一般比较难找到。不过偶尔在海岸上能捡到它的壳。

顶盖螺科	
分　布	中国台湾、韩国、日本等地
栖息场所	潮间带的岩礁
壳　长	2 厘米

*壳皮：➡P12

【顶盖螺】

螺壳呈斗笠型，有放射状的粗肋。一般附着在其他螺壳上，以排泄物为食。在角蝾螺和鲍鱼的壳上尤其常见。

顶盖螺科	
分　布	中国台湾、日本等地
栖息场所	潮间带的岩礁
壳　长	2 厘米

【刺面履螺】

从底面看，螺壳的形状就像一只拖鞋。壳面沿螺肋长有一粒粒突起。通常附着在潮间带下部的岩礁或鲍鱼等其他贝类的壳上。

履螺科	
分　布	日本房总半岛以南
栖息场所	潮间带的岩礁
壳　长	2 厘米

【指甲履螺】

壳是茶褐色的，呈拖鞋形状。底面有白色隔板*。原先分布在美国西海岸，1968 年首次在日本东京湾口被发现，属于外来物种。

履螺科	
分　布	本州太平洋海岸、美国西海岸、中国广东
栖息场所	潮间带的岩礁、人工建筑物
壳　长	4 厘米

＊隔板：长在履螺科类等贝壳的内部，起固定软体部（贝类肉体部分）的作用。

【大蛇螺】

壳身扭曲，像盘作一团的蛇，形状多种多样。固着于石头或岩礁上，往水里放出丝状黏液，捕捉被缠住的小动物做食物。

蛇螺科	
分　布	中国台湾、韩国、日本等地
栖息场所	潮间带至水深 20 米处的岩礁、碎石地带
壳　长	5 厘米

【日本小眼宝螺】

壳背面*中央有圆形花纹，看起来像个眼睛，故有此名。一般生活在海滨石头的里面或岩礁的凹陷处，不过它的壳经常被海浪拍打到海岸上。

宝螺科	
分　布	日本本州东北以南
栖息场所	潮间带至水深 80 米处的岩礁、碎石地带
壳　长	1.8 厘米

＊背面：指宝螺等贝壳的外侧。

【玻芬宝螺】

螺壳整体呈褐色，背面泛灰白。上有白色斑点*以及乳白色的云状图案。它的壳会被海水冲到岸上。别名叫女郎花宝。

宝螺科	
分　　布	中国、日本、印度尼西亚、马尔代夫等地
栖息场所	潮间带至水深 30 米处的岩礁
壳　　长	3.5 厘米

＊斑点：零散分布的点状花纹。

【拟初雪宝螺】

壳的背面从黄褐色到褐绿色不等，整体覆盖着白色斑点。腹面*是乳白色的，齿列*痕迹深刻。

宝螺科	
分　　布	中国、日本等地
栖息场所	潮间带至水深 150 米处的岩礁、泥砾地
壳　　长	4 厘米

＊腹面：指宝螺等贝类的内侧（肉体能进出的一面）。

＊齿列：宝螺的壳口处的齿状排列。

【玛瑙宝螺】

壳背面底色为暗褐色，上有黄色的纹带，腹面则为黑褐色。老龄的个体背面两肋处会有青白色的云状图案。在海岸上可以捡到这种贝壳。

宝螺科	
分　　布	东非—太平洋中部、日本等地
栖息场所	潮间带至水深 100 米处的岩礁、泥砾地、泥地
壳　　长	4 厘米

【雪山宝螺】

螺壳背面有白色斑纹，斑纹的周围是深褐色。活体在海岸边的潮池处或岩石的裂缝中可以发现。在海岸上也能捡到它们的壳。

宝螺科	
分　　布	日本房总半岛、山形县以南
栖息场所	潮间带的岩礁
壳　　长	3 厘米

螺壳背面长有褐色细小斑点，中央部分则是各种图案的褐色斑纹。前端*、后端*的两肋处，还有分界清晰的黑褐色斑纹。

【隐形大熊宝螺】

宝螺科	
分　布	菲律宾、日本等地
栖息场所	潮间带至水深 20 米处的岩礁
壳　长	1 厘米

＊前端：指与宝螺科等贝壳的螺塔处相反方向的顶端。

＊后端：指宝螺科等贝壳上螺塔所处的一端。

螺壳背面以青灰色为底，间茶褐色斑点，有些还有白色或黑褐色的纹带。腹面平坦，侧面*有黑褐色的斑点。别名叫猫焦掌贝。

【花猫宝螺】

宝螺科	
分　布	中国、日本等地
栖息场所	潮间带至水深 20 米处的岩礁
壳　长	1.5 厘米

＊侧面：指宝螺等贝壳背面的两侧。

螺壳背面底色为黄褐色，上面有大大小小的白色斑点。前端和后端还有褐色的花纹。生活的区域范围很广。它的壳会被海水冲上海岸。

【梨皮宝螺】

宝螺科	
分　布	中国、日本、澳大利亚等地
栖息场所	潮间带至水深 200 米的岩礁
壳　长	2 厘米

壳的背面有黑白相间的条纹模样，很容易与其他种类的贝壳区别开。大多数宝螺类的壳的外形一般会随着生长而发生变化，但这种浮标宝螺的外形一生都不会变化。

【浮标宝螺】

宝螺科	
分　布	印度到西太平洋海域
栖息场所	潮间带至水深 20 米处的岩礁
壳　长	1.5 厘米

螺壳背面整体为棕色，有 3 条带状纹路，腹面是白色的。活体能在海岸岩礁的凹陷处找到，在海岸上也能发现它们被海水冲上来的外壳。

【寿司宝螺】

宝螺科	
分　布	日本南部
栖息场所	潮间带至水深 20 米处的岩礁、碎石
壳　长	1.5 厘米

如名所示，壳的背面是黄色的，腹面则是白色的。活体可见于海岸边的潮池处等地方。外壳偶尔会被海浪冲上岸边。

【黄宝螺】

宝螺科	
分　布	中国、日本、菲律宾等地
栖息场所	潮间带的岩礁
壳　长	2 厘米

【阿拉伯宝螺】

螺壳背面是灰褐色的，间有深棕色的条纹或网眼状花纹。侧面有黑褐色斑点。个头大的壳长接近8厘米。

宝螺科	
分　布	中国、日本、菲律宾等地
栖息场所	潮间带至水深 20 米处的岩礁
壳　长	5厘米

【爱龙宝螺】

壳背面呈灰褐色，中心有茶褐色斑纹，漫布茶褐色的斑点。活着的个体在潮间带上部的岩礁中可见。贝壳可在海岸上捡到。

宝螺科	
分　布	日本、澳大利亚等地
栖息场所	潮间带的岩礁
壳　长	3厘米

【白星宝螺】

螺壳较大的有7～8厘米。背面是茶褐色，有很多斑点。被海浪冲上海岸后，经过碰撞和磨损会呈现出紫色。

宝螺科	
分　布	中国台湾、日本、菲律宾等地
栖息场所	潮间带至水深 50 米处的岩礁
壳　长	5厘米

【腰斑宝螺】

有些个体在壳的侧面至腹面都覆盖着褐色的斑纹，有些则没有。老龄的个体螺壳会变厚，侧面会延伸出来。螺壳会被海水冲到海岸上。

宝螺科	
分　布	中国、日本等地
栖息场所	潮间带至水深 10 米处的岩礁
壳　长	3.5厘米

新鲜的壳略发青色的紫褐色，夹有白色斑点。放置时间久后青色会渐渐消失。腹面黄褐色的齿列很有特点。外壳也会被海浪冲到海岸上。

【俏皮宝螺】

宝螺科	
分　　布	日本、越南、澳大利亚等地
栖息场所	潮间带至水深 30 米处的岩礁
壳　　长	2.5 厘米

壳背面的颜色与俏皮宝螺相似，不过鲨皮宝螺的白色斑点是粒状的，而且腹面的齿一直延伸至螺壳侧面。外壳会被海浪冲到海岸上。

【鲨皮宝螺】

宝螺科	
分　　布	中国、日本、马尔代夫、南非等地
栖息场所	潮间带至水深 30 米处的岩礁
壳　　长	2 厘米

螺壳背面呈红褐色，密布白色斑点，腹面黄褐色。在被海水冲刷到岸上的壳通常有磨损，很少能看到完整的个体。

【红花宝螺】

宝螺科	
分　　布	中国、日本、菲律宾、美国等地
栖息场所	潮间带至水深 20 米处的岩礁
壳　　长	2 厘米

金环宝螺的名字来源于它背面的金色环状花纹。活体在潮间带上部的岩礁上很常见，螺壳会被海水冲到岸上。

【金环宝螺】

宝螺科	
分　　布	中国、日本、美国等地
栖息场所	潮间带的岩礁
壳　　长	2 厘米

这种贝类通常附着于小扇柳珊瑚等刺胞动物上，壳的颜色也会因附着动物的颜色发生变化，主要为橙色、黄色或红色。螺壳会被海浪冲到岸上来。

【玫瑰原梭螺】

海兔螺科	
分　　布	日本北海道南部以南等地
栖息场所	潮间带至水深 50 米处的岩礁
壳　　长	1 厘米

外壳上通常有 6 个斑纹，也有一些没有花纹的个体。一般附着于海鸡头刺胞动物等动物之上。壳偶尔会被海浪冲到岸上来。

【天禄海兔螺】

海兔螺科	
分　　布	中国、日本、菲律宾等地
栖息场所	潮间带至水深 50 米处的岩礁
壳　　长	1 厘米

【玫瑰骗梭螺】

螺壳细长，壳身颜色从紫红色到橙色不等。有些个体在壳中央有黄白色的带状花纹。通常附着于软珊瑚上。

海兔螺科	
分　布	中国、日本、澳大利亚等地
栖息场所	水深 5 ～ 50 米处的岩礁
壳　长	4厘米

【菱角螺】

螺壳中间呈卵形，两端突出细长的尖角。壳身的颜色是肉色与粉色的调和。我们在潜水时有可能看到它，也可以用渔网捕捞到。

海兔螺科	
分　布	中国、日本、越南等地
栖息场所	水深 10 ～ 100 米处的岩礁、沙泥地
壳　长	7厘米

【白法螺】

贝壳体型大，颜色为黄褐间深棕色花纹。根据生活的海域深度的不同，壳的颜色也有所差异。通常捕食海星或海参。偶尔我们可以在海岸边见到它。

法螺科	
分　布	中国台湾、日本等地
栖息场所	潮间带至水深 200 米处的岩礁
壳　长	20厘米

【红口蛙螺】

壳口呈红色，打开的样子像喇叭。体型大的壳长可达20厘米。壳上有突出的结节*，整体看起来硬梆梆的。用底刺网可以捕捞到它。

蛙螺科	
分　布	中国台湾、日本等地
栖息场所	水深 10 ～ 50 米处的岩礁
壳　长	15厘米

＊结节：贝壳螺层上隆起的部分。

这种贝壳上有一层很厚的壳皮，软体部的形状像蛇的眼睛。在海岸上捡到的，一般都是壳皮已脱落的个体。分布区域遍布全球。

【黑齿法螺】

法螺科	
分　布	中国、日本、澳大利亚、西班牙、南非、美国等地
栖息场所	潮间带至水深 100 米处的岩礁
壳　长	10 厘米

螺壳上有厚厚的体层向外膨出，水管*细长。壳皮较薄，覆盖住整个螺壳。螺肋上有稀疏的毛状物。用捕虾网等渔网可以捕捞到它们。

【丹氏象法螺】

法螺科	
分　布	中国台湾、日本、澳大利亚等地
栖息场所	水深 10 ～ 50 米处的岩礁
壳　长	8 厘米

* 水管：指前沟（➡P12）。

壳为茶褐色，有 3 ～ 5 条螺肋。壳口呈白色，有一层壳皮。虽然偶尔也会被海水冲上岸，但我们多半还是从捕虾网等捞回的东西中发现它。

【纪伊法螺】

法螺科	
分　布	中国台湾、日本等地
栖息场所	水深 10 ～ 100 米处的岩礁
壳　长	5 厘米

外壳呈黄褐色，有布纹似的刻痕。壳口为白色，有壳皮。通常生活在比较深处的岩礁中，偶尔能在海岸边找到。

【瘦毛法螺】

法螺科	
分　布	中国台湾、日本、菲律宾等地
栖息场所	潮间带至水深 150 米处的岩礁
壳　长	5 厘米

壳层较厚，壳口呈黄色。壳面底色为黄白色，结节或螺肋间有灰黑色。在潮间带下部的岩礁处可见，底刺网偶尔会捞到它。

【蟾蜍蛙螺】

蛙螺科	
分　布	中国、日本、印度尼西亚等地
栖息场所	潮间带至水深 10 米处的岩礁
壳　长	6 厘米

螺壳为黄褐色，长有向 3 个方向分裂的纵张肋。壳口有牙状突起。一般生活在比较深的岩礁中，偶尔也能在潮间带的岩礁中发现它。

【三棱骨螺】

骨螺科	
分　布	中国、日本等地
栖息场所	潮间带至水深 50 米处的岩礁
壳　长	4 厘米

【亚洲千手螺】

壳为浅褐色，长着很多棘，螺口有牙状的突起。既有棘很长的个体，也有比较短的个体。老龄之后棘通常会变短。

骨螺科	
分　布	中国、日本等地
栖息场所	潮间带至水深 30 米处的岩礁
壳　长	10 厘米

【疣荔枝螺】

螺壳恰如其名，其上长有疣状的结节。壳整体发黑，壳口内部是黄白色的，但也有一部分略带黑色。在海岸边比较常见。

骨螺科	
分　布	日本、中国等地
栖息场所	潮间带的岩礁
壳　长	3 厘米

【荔枝螺】

螺壳全体呈浅褐色，长有细细的螺肋，也有疣状的结节。螺口浅橙色。比起疣荔枝螺体型较大。在海岸边不难找到。

骨螺科	
分　布	中国、日本等地
栖息场所	潮间带至水深 10 米的岩礁
壳　长	4 厘米

【白岩螺】

壳体为白色，壳口内是乳白色的。结节比较尖锐。偶尔在潮下带*的礁石上可以见到它。会被捕虾网挂住。

骨螺科	
分　布	中国、日本等地
栖息场所	水深 5 ～ 20 米的岩礁
壳　长	4 厘米

*潮下带：➡ P120

壳体呈白色，间有褐色碎点式花纹。肉食性，常群聚在死鱼等动物尸体旁。有时在海边能看见它。

【粗肋结螺】

骨螺科	
分　布	中国台湾、日本等地
栖息场所	潮间带至水深 30 米的岩礁
壳　长	2 厘米

螺壳整体呈白色，有板状的纵肋，缝合线*下有褐色的带状花纹。一般附着在岩礁中的海葵类动物上。螺壳会被海浪冲到岸上。

【小海蛳螺】

海蛳螺科	
分　布	中国、日本等地
栖息场所	潮间带至水深 10 米的岩礁
壳　长	1.5 厘米

* 缝合线 → P12

小型壳，白底上有茶褐色网纹或"之"字形花纹。在潮间带岩礁中藻类多的地方可以见到，螺壳经常被海浪冲到岸上来。

【麦螺】

麦螺科	
分　布	中国、日本、马来西亚等地
栖息场所	潮间带至水深 10 米的岩礁
壳　长	1 厘米

小型螺，白底上有茶褐色带纹或斑纹。在潮间带至较深处岩礁中藻类多的地方可见，螺壳经常被海浪冲到岸上来。

【菩萨麦螺】

麦螺科	
分　布	中国、韩国、日本等地
栖息场所	潮间带至水深 10 米的岩礁
壳　长	1 厘米

螺壳小，既有茶褐色、黑褐色等有花纹的类型，也有橙色、淡紫色等没有花纹的类型，变化多端。螺壳会被海浪冲到岸上。

【红麦螺】

麦螺科	
分　布	中国、日本、印度尼西亚等地
栖息场所	潮间带至水深 5 米的岩礁
壳　长	0.8 厘米

螺壳体型小，图案包括黄褐色间茶褐色花纹，以及无花纹的类型。生活在藻类聚集的潮间带岩礁中。螺壳会被海浪冲到岸上。

【花麦螺】

麦螺科	
分　布	中国、日本、韩国等地
栖息场所	潮间带的岩礁
壳　长	1 厘米

【费雷亚峨螺】

　　壳体一般为暗绿色，也有黄褐色的特殊个体。壳上有茶褐色的花纹。壳口呈黑紫色的。在潮间带上部的岩礁或碎石地带可见。

峨螺科	
分　布	日本房总半岛以南等地
栖息场所	潮间带的岩礁
壳　长	3 厘米

【李斯峨螺】

　　壳层厚，四周长有结节。壳整体呈白色，壳口几乎是纯白色，靥则为黑褐色。经常会挂到捕虾网等上面被捞上来。

峨螺科	
分　布	日本本州东北以南等地
栖息场所	潮间带至水深 100 米的岩礁
壳　长	10 厘米

【大赤旋螺】

　　壳体呈肉色，上面长着褐色的螺肋，覆有茶褐色的壳皮。软体部是深红色的。以前在捕虾网里能见到，但最近日本的数量减少了。

旋螺科	
分　布	日本、中国等地
栖息场所	潮下带至水深 20 米的岩礁
壳　长	15 厘米

【花焰笔螺】

　　螺壳厚，呈黑褐色，间有白色或黄褐色的色带或花纹。老龄的个体壳口外唇会变成白色。螺壳会被海浪冲上海岸。

笔螺科	
分　布	中国、日本、印度尼西亚等地
栖息场所	潮间带至水深 3 米处的岩礁
壳　长	3 厘米

壳为黑褐色带灰白色色带。生活在岩礁间积存的沙地、砂砾地中，偶尔在潮下带的礁石处也能发现。螺壳会被海水冲到岸上来。

【日本卷管螺】

卷管螺科	
分　布	日本北海道南部以南等地
栖息场所	潮间带至水深 20 米处的岩礁
壳　长	2.5 厘米

螺壳为浅紫色，上有青紫色的花纹，生活在较深处。没有花纹的类型被称为吉良芋螺。螺壳会被海水冲上岸。

【玳瑁芋螺】

芋螺科	
分　布	日本、越南、中国台湾等地
栖息场所	潮间带至水深 50 米处的岩礁
壳　长	5 厘米

螺壳很薄，呈黑色、伞型。从边缘向中间长着6条粗肋，内外都有。一般附着在潮间带上部的岩礁、岸壁、防波工事等上面。

【菊松螺】

松螺科	
分　布	中国、日本等地
栖息场所	潮间带的岩礁
壳　长	1.5 厘米

螺壳薄，壳缘平缓呈椭圆形。整体黄褐色，上有褐色的肋，内面则呈黑紫色。在潮间带上部的岩礁中很常见。

【网纹松螺】

松螺科	
分　布	中国、日本等地
栖息场所	潮间带的岩礁
壳　长	1.5 厘米

壳薄，底色灰白，上有黑褐色的条纹。软体部很大，呈棕紫色、桃紫色，边缘处会发出荧光。螺壳会被海水冲上海岸。

【密纹泡螺】

泡螺科	
分　布	中国、日本等地
栖息场所	潮间带至水深 20 米处的岩礁
壳　长	3 厘米

螺壳卵形，底色深褐色，上面有白色或灰白色的小斑纹，还有3条左右黑褐色的色带。壳会被冲上岸。

【枣螺】

枣螺科	
分　布	中国、日本、菲律宾等地
栖息场所	潮间带至水深 30 米处的岩礁
壳　长	2 厘米

【胡魁蛤】

　　壳呈平缓的椭圆形，白色壳底上有黑色的壳皮。用足丝附着于岩礁的凹处或海藻的根部。壳会被海水冲到岸上来。

魁蛤科	
分　布	中国、日本等地
栖息场所	潮间带至水深20米处的岩礁
壳　长	5厘米

【紫孔雀壳菜蛤】

　　壳层较厚，颜色黑紫。幼时壳上长有放射肋*，但是长大后会逐渐消失。一般用足丝附着在潮间带上部岩礁的裂缝中。

壳菜蛤科	
分　布	中国、日本等地
栖息场所	潮间带岩礁、人工建筑物
壳　长	3厘米

＊放射肋：➡P13

【栉孔扇贝】

　　贝壳左右两面的膨起的幅度和肋数都不同，颜色有褐色、红色、橙色、白色、紫色等。以足丝附着于岩礁等之上。壳会被海水冲到海岸上来。

扇贝科	
分　布	中国、日本等地
栖息场所	潮下带至水深50米处的岩礁
壳　长	6厘米

【华贵栉孔扇贝】

　　与栉孔扇贝相似，颜色也多变，包括褐、红、橙、黄、紫等多种颜色。约有22条肋，上面覆有鳞片*。被广泛人工养殖食用。

扇贝科	
分　布	中国、日本等地
栖息场所	水深10～50米处的岩礁
壳　长	12厘米

＊鳞片：贝壳上的鳞状部分。

壳体几乎呈四角形。表面像裂开的树皮一样，内面有珍珠光泽，但一旦干燥就会出现裂纹。是有名的珍珠养殖母贝。

【短石蛏】

　　壳薄，呈浅褐色，表面平坦光滑，有石灰附着其上。这种贝通常在泥质、石灰质的岩盘上打洞生活，所以很少会被海水冲到岸上来。

贻贝科	
分　布	中国、日本等地
栖息场所	潮间带至水深 20 米处的岩礁
壳　长	3 厘米

【马氏珠母贝】

珍珠贝科	
分　布	中国、日本等地
栖息场所	潮间带至水深 20 米处的岩礁
壳　长	7 厘米

贝壳形状似小鸟，表面红褐色，内面有珍珠光泽。以足丝附着在软珊瑚上。时常和软珊瑚一起挂在捕虾网上，被打捞上来。

壳呈白色，约有20条左右的放射肋，上有鳞片。内面有光泽。用足丝附着在岩石或珊瑚上。活体的斧足*是紫色的。

【短翼珍珠贝】

珍珠贝科	
分　布	中国、日本、菲律宾等地
栖息场所	潮间带至水深 50 米处的岩礁
壳　长	8 厘米

【习见锉蛤】

锉蛤科	
分　布	日本房总半岛以南等地
栖息场所	潮下带至水深 20 米处的岩礁
壳　长	6 厘米

＊斧足：软体部上伸出的长长突起物，用于挖掘或移动身体。

壳体呈红褐色，前背缘*的四周黄褐色，长着黄褐色壳毛*。内面有珍珠光泽。以足丝附着在岩礁上。壳会被海浪冲上海岸。

壳薄，中部隆起。底色为黄褐色，上有褐色的细纹及浅黄褐色的壳皮。生活在海鞘类的内部，壳会被海水冲到岸上来。

【日本壳菜蛤】

贻贝科	
分　布	日本本州东北以南
栖息场所	潮间带至水深 20 米处的岩礁
壳　长	3 厘米

【边网壳菜蛤】

贻贝科	
分　布	日本北海道南部以南
栖息场所	潮间带至水深 50 米处的岩礁
壳　长	2 厘米

＊前背缘：双壳贝上有韧带（➡P13）一侧叫做背缘，其前方叫前背缘。

＊壳毛：指呈毛状的壳皮。

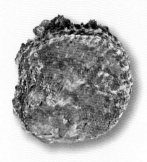

【血色海菊蛤】

壳呈橙红色、红褐色等。左壳*较平坦，右壳*隆起，长有细长的棘。固定在岩礁上，壳会被海浪冲上岸。

海菊蛤科	
分　布	中国、日本等地
栖息场所	潮间带至水深50米处的岩礁
壳　长	5厘米

*左壳：外套线弯位于左侧的是左壳。

*右壳：外套线弯位于右侧的是右壳。

【山羊海菊蛤】

相较于血色海菊蛤外壳体型较大，肋上长有细长的扁的棘。壳色包括红、棕、橙、白、黄等多种颜色。内面除边缘处以外都是白色的。

海菊蛤科	
分　布	中国、日本等地
栖息场所	潮下带至水深20米处的岩礁
壳　长	8厘米

【中国不等蛤】

壳面有珍珠光泽，呈桃色、黄色或白色。左壳微微隆起，右壳扁平，上有洞，可以伸出足丝附着于石头上。壳会被海浪冲到海岸上来。

不等蛤科	
分　布	中国、日本、东南亚等地
栖息场所	潮下带至水深20米处的岩礁、砂砾地
壳　长	4厘米

【岩牡蛎】

壳呈椭圆形，个头大的壳长可达25厘米。右壳表面像是树皮层层剥裂的桧树皮状，左壳固定在岩礁上。是常见的食用种类。

牡蛎科	
分　布	日本本州东北以南等地
栖息场所	潮下带至水深20米处的岩礁
壳　长	12厘米

壳的色彩多样,有紫褐色、桃色、白色等,表面有很多突起。一般我们在海岸上捡到的多是碎片。捕虾网经常捕捞到活体。

壳体白色杂有红褐色,右壳上长有小突起或畦状条纹。左壳隆起,凭此附着在岩石上面。壳会被海浪冲到岸上。

【覆瓦牡蛎】

牡蛎科	
分　布	日本房总半岛以南等地
栖息场所	水深 10 ～ 30 米处的岩礁
壳　长	10 厘米

【日本偏口蛤】

偏口蛤科	
分　布	中国台湾、日本、韩国等地
栖息场所	潮间带至水深 20 米处的岩礁
壳　长	3 厘米

壳上约有16条粗放射肋,底色为黄褐色,混杂着深棕色的花纹,用足丝附着在岩礁或石头上。壳会被海水冲到岸上来。

壳身圆鼓,放射肋与生长肋*十分清晰。黄白底色上间杂深浅不同的褐色花纹。蛤壳会被海水冲上岸。

【灰算盘蛤】

算盘蛤科	
分　布	中国、日本等地
栖息场所	潮间带至水深 5 米处的岩礁
壳　长	3 厘米

【江户布目蛤】

帘蛤科	
分　布	中国、日本等地
栖息场所	潮间带至水深 5 米处岩礁间的沙地、砂砾地
壳　长	3 厘米

* 生长肋：➡ P13

壳较厚,表面白色,覆盖着环肋*。如名所示,壳的内面是紫色的。有些地方把它叫做"大麻蚬子",作为食材出售。

这种贝壳前方有凌乱的雕刻纹路,利用这纹路,振动贝壳,可以在泥岩或砂岩上打洞,被海水冲上来的石头中有时可以看到躲藏在里面的长板宽柱海笋。

【紫氏房蛤】

帘蛤科	
分　布	日本北海道南部以南等地
栖息场所	潮间带至水深 20 米处岩礁间的砂砾地
壳　长	8 厘米

* 环肋：双壳贝壳上呈环状的肋条痕迹。

【长板宽柱海笋】

鸥蛤科	
分　布	日本北海道南部以南等地
栖息场所	潮间带至水深 10 米处的岩礁、碎石带
壳　长	4 厘米

生活在沙地里的贝类

贝藏在哪里呢？

沙地

想必很多人都有在退潮后的沙滩上挖贝壳的经历吧？是不是在沙子表面找到的贝类非常少呢？这是因为对于贝类等生物来说，比起岩礁，沙地能躲藏的地方实在太少了，所以它们一般潜进了沙子的深处。

沙滩，顾名思义就是沙子堆积的海滩，既有粒小柔滑的细沙，也有大颗粗糙的粗砂。另外，还有混着泥土的沙泥地*、混着砾（比沙子大的颗粒）的砂砾地、混着贝壳碎片的沙地等等。面向外海的一侧，与海湾内的环境不同，生活的贝类的种类也不同。

这一节，我们将要介绍的是生活在潮间带的沙滩至浅海的沙地一带的主要贝类。

*沙泥地：➡ P120

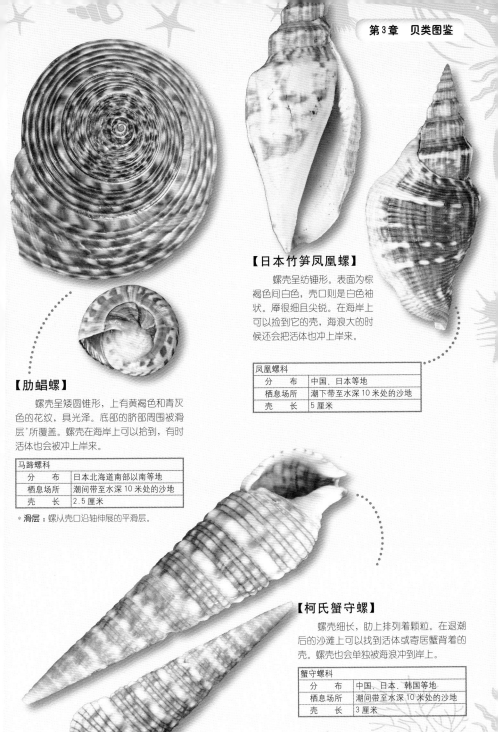

【日本竹笋凤凰螺】

螺壳呈纺锤形。表面为棕褐色间白色，壳口则是白色袖状。厣很细且尖锐。在海岸上可以捡到它的壳，海浪大的时候还会把活体也冲上岸来。

凤凰螺科	
分　　布	中国、日本等地
栖息场所	潮下带至水深 10 米处的沙地
壳　　长	5 厘米

【肋蜎螺】

螺壳呈矮圆锥形，上有黄褐色和青灰色的花纹，具光泽。底部的脐部周围被滑层*所覆盖。螺壳在海岸上可以拾到，有时活体也会被冲上岸来。

马蹄螺科	
分　　布	日本北海道南部以南等地
栖息场所	潮间带至水深 10 米处的沙地
壳　　长	2.5 厘米

*滑层：螺从壳口沿轴伸展的平滑层。

【柯氏蟹守螺】

螺壳细长，肋上排列着颗粒。在退潮后的沙滩上可以找到活体或寄居蟹背着的壳。螺壳也会单独被海浪冲到岸上。

蟹守螺科	
分　　布	中国、日本、韩国等地
栖息场所	潮间带至水深 10 米处的沙地
壳　　长	3 厘米

【扁玉螺】

壳型像个馒头，表面棕褐色，底面白色有暗淡光泽。这类螺会包合住其他贝类，从齿舌*分泌出酸性物质，在其他贝类的壳上腐蚀出洞后，进行捕食。

玉螺科	
分　布	中国、日本、菲律宾、澳大利亚等地
栖息场所	潮间带至水深 30 米处的沙地、沙泥地
壳　长	6 厘米

＊齿舌：➡P15

【花带玉螺】

螺壳呈半球形，底色为白色，有些上面有棕褐色的斑纹，有些上面则有棕褐色的断带花纹。螺壳会被海浪冲上岸。

玉螺科	
分　布	中国台湾、日本、韩国等地
栖息场所	水深 5 ～ 30 米处的沙地
壳　长	2.5 厘米

【乳头玉螺】

洁白的螺壳上，有细细的螺沟*，覆着薄薄的黄褐色壳皮。被冲到海岸上来的大部分壳的壳皮都已脱落，呈现出白色壳体。

玉螺科	
分　布	中国、日本等地
栖息场所	潮下带至水深 20 米处的沙地
壳　长	2.5 厘米

【黄口鹑螺】

壳体型大，呈球形。有些个体壳长超过20厘米。软体部也相当巨大，能捕食海参等生物。螺壳会被海水冲到岸上。

鹑螺科	
分　布	中国、日本等地
栖息场所	潮下带至水深 200 米处的沙地、沙泥地
壳　长	12 厘米

＊螺沟：沿螺壳的弯曲度生长的沟痕。

【斑带鬘螺】

螺壳呈卵形，一般有浅褐色四边形花纹，不过也有无花纹的个体。在台风等海上风浪特别大的时候，有可能被海浪冲到岸上。

唐冠螺科	
分 布	中国、日本等地
栖息场所	水深 10 ~ 100 米处的沙地、沙泥地
壳 长	5 厘米

【条纹鬘螺】

壳有光泽，有褐色的竖条纹。壳口外唇很厚，厣小，呈月牙形。在台风等海上风浪特别大的时候，有可能被海浪冲到岸上。

唐冠螺科	
分 布	中国、日本等地
栖息场所	水深 10 ~ 50 米处的沙地
壳 长	7 厘米

【小枇杷螺】

螺壳形状像枇杷，黄褐色为底，有褐色的花纹，表面有布纹状的刻痕。在台风等海上风浪特别大的时候，有可能被海浪冲到岸上。

枇杷螺科	
分 布	中国、日本等地
栖息场所	水深 10 ~ 50 米处的沙地
壳 长	8 厘米

【正织纹螺】

壳的颜色包括灰色、褐色、黄褐色等，螺肋和纵肋*相交，形成了石板路一样的刻纹。螺壳会被海浪冲到岸上。

织纹螺科	
分 布	中国、日本等地
栖息场所	潮间带至 50 米处的沙地
壳 长	2 厘米

* 纵肋：➡P12

【素面织纹螺】

壳体呈扁圆的纺锤形。表面有淡淡的光泽，底色黄褐色，上有棕褐色的细线和斑纹。螺壳会被海浪冲到岸上。

织纹螺科	
分　布	中国、日本等地
栖息场所	潮间带至 50 米处的沙地
壳　长	2 厘米

【方格织纹螺】

螺壳底色是糖稀色，上面有浅褐色的纹路，纵肋和螺肋交错形成了一排排的凸起。壳会被海水冲到岸上来。

织纹螺科	
分　布	中国、日本、菲律宾等地
栖息场所	水深 10 ～ 100 米处的沙地
壳　长	2.5 厘米

【皱红螺】

螺壳呈黄褐色，表面沿螺肋生长有鳍状的角突，壳口内是白色的。用底拖网*或底刺网可以捕捉到，但很少能在海岸上捡到它们的壳。

骨螺科	
分　布	日本北海道南部以南
栖息场所	水深 10 ～ 50 米处的沙地
壳　长	7 厘米

【软帽峨螺】

螺壳底色为黄褐色，有些有褐色花纹，有些则没有，色彩多样。另外，产地不同，形态也会发生变化。

峨螺科	
分　布	中国、日本、韩国等地
栖息场所	水深 10 ～ 50 米处的沙地
壳　长	4 厘米

* **底拖网**：从船上放下袋型的网，在海底拖曳，以捕捞鱼和贝类的工具。

【日本东风螺】

　　壳体表面光滑，黄白的底色间有褐色的花纹。近年来日本全国范围的数量都在减少，其原因据查是有机锡化合物造成的污染。螺壳会被海水冲到海岸上。

【天狗角螺】

　　螺壳整体是肉色的，覆盖着天鹅绒状的壳皮。其卵囊被称为"海酸浆"，在以前被当作玩具吹着玩儿。

峨螺科	
分　布	日本等地
栖息场所	潮下带至水深 30 米处的沙地、砂砾地
壳　长	7 厘米

盔螺科	
分　布	中国、日本等地
栖息场所	水深 10～50 米处的沙地、砂砾地
壳　长	12 厘米

【铁锈长旋螺】

　　壳上白色与棕褐色交杂，有壳体四周长角的类型，也有光滑的类型，壳皮像天鹅绒一样。螺壳会被海水冲到岸上来。

【铁栅笔螺】

　　螺壳呈笔型。黄褐底色上有黑褐色格子状的花纹，壳口内为白色。偶尔会被海浪冲到岸上，也会被底拖网捕捞上来。

旋螺科	
分　布	中国、日本、韩国等地
栖息场所	潮下带至水深 50 米处的沙地、砂砾地
壳　长	10 厘米

笔螺科	
分　布	中国、日本等地
栖息场所	水深 5～50 米处的沙地、砂砾地
壳　长	5 厘米

【金刚衲螺】

这种螺没有厣。螺壳整体为黄褐色，四周长角、坚硬的纵肋引人注目。壳口为黄白色。老龄螺壳会变厚。会被海水冲到岸上来。

衲螺科	
分　　布	日本北海道南部以南
栖息场所	水深 5 ～ 50 米处的沙地、砂砾地
壳　　长	5 厘米

【日本榧螺】

壳面有光泽，底色有黄白色、黑褐色、白色等多种颜色，上面有棕褐色的波浪状花纹。也有比较罕见的单色个体。螺壳会被海水冲到海岸上。

榧螺科	
分　　布	日本房总半岛、山口县以南
栖息场所	潮下带至水深 30 米处的沙地、沙泥地
壳　　长	1.5 厘米

【杰夫瑞氏卷管螺】

螺壳细长，整体为茶褐色，纵肋上并排长着小颗粒。海岸上常见的是与这种螺相相似的另外一种螺，叫角玉米卷管螺。

卷管螺科	
分　　布	中国、日本、菲律宾等地
栖息场所	水深 10 ～ 100 米处的沙地、沙泥地
壳　　长	5 厘米

【白线卷管螺】

螺壳棕褐色，螺肋往上逐渐变薄，壳口呈弓状嵌入。螺壳可以在海岸上捡到，不过在底拖网中被打捞上来的情况更为多见。

卷管螺科	
分　　布	中国、日本、菲律宾等地
栖息场所	水深 20 ～ 100 米处的沙地、沙泥地
壳　　长	5 厘米

【尼姬芋螺】

螺壳整体黄白色，有些个体间有橙色，有些则是白底间橙色。在海岸上可以捡到的大多都有磨损。

芋螺科	
分　布	中国、日本等地
栖息场所	水深 10 ~ 100 米处的沙地、沙泥地
壳　长	4 厘米

【赤斑笋螺】

螺壳细长，呈暗紫色，缝合线下有白色的色带，上面排列着褐色的斑点。螺壳会被冲到岸上来，即使壳体已经被磨损，但总会保留着一些特征可以辨认出来。

笋螺科	
分　布	中国、日本、越南、韩国等地
栖息场所	潮下带至水深 20 米处的沙地
壳　长	3 厘米

【日本笋螺】

壳身细长，纵肋贯通全螺，沿着旋转的螺塔上有浅褐色的色带。在海岸边可以拾获新鲜的个体，不过近年来有些地方的数量正在急速减少。

笋螺科	
分　布	日本北海道南部以南
栖息场所	水深 5 ~ 30 米处的沙地、沙泥地
壳　长	3 厘米

【车轮螺】

螺壳呈矮圆锥形，脐孔＊开得很大。看起来像是圆形的车轮，故有此名。在海岸上一般能捡到的都是黑线车轮螺，本种很少见。

车轮螺科	
分　布	中国、日本等地
栖息场所	水深 10 ~ 100 米处的沙地、沙泥地
壳　长	4 厘米

＊脐孔：➡P12

【赛氏毛蚶】

壳型圆鼓，呈盒状，白色。有36～38条左右的肋，冠黑褐色壳皮。被冲上海岸时两扇壳有时还能保持联合状态。

魁蛤科	
分　　布	中国、日本等地
栖息场所	水深5～20米处的沙地、沙泥地
壳　　长	6厘米

【白线蛤蜊】

壳稍有隆起，较为厚重。整体呈浅棕褐色，上面有黄褐色的肋。本来有黑褐色的壳皮，但在被海水冲上岸的过程中通常会因为摩擦而脱落。

蛤蜊科	
分　　布	日本北海道南部以南等地
栖息场所	水深5～20米处的沙地、沙泥地
壳　　长	7厘米

【二色裂江珧】

个头大的壳体部分可达40厘米长。壳色有紫褐、黄褐等，一般有10条左右的放射肋。它会把自己身体的一半左右埋入沙里生活。

江珧科	
分　　布	中国、日本、菲律宾等地
栖息场所	水深5～30米处的沙地、砂砾地
壳　　长	20厘米

【嵌条扇贝】

贝壳呈扇形，右壳比较鼓，左壳比较平坦。活着的时候一般左壳在上右壳在下，如果有敌人来了，就迅速喷水游走。壳会被海水冲到岸上来。

扇贝科	
分　　布	中国、日本等地
栖息场所	水深10～100米处的沙地、沙泥地
壳　　长	7厘米

【日月蛤】

壳近圆形，右壳呈黄白色，左壳呈深红色。颜色就像一对太阳和月亮，所以叫"日月蛤"。其肉也可食用。

海扇蛤科	
分　布	中国、日本等地
栖息场所	水深 10 ～ 50 米处的沙地
壳　长	10 厘米

【钱包海扇蛤】

蛤壳上有 3 ～ 5 条粗放射肋，大多为红褐色间黄白色花纹，也有白色、黄色、紫色等单色个体。可以在海岸上捡到它的壳。

海扇蛤科	
分　布	日本房总半岛、能登半岛以南等地
栖息场所	水深 10 ～ 50 米处的沙地、砂砾地
壳　长	4 厘米

【鸟尾蛤】

壳为椭圆形，较厚，约有 45 条粗放射肋。壳内面有白色光泽，四周呈紫红色。壳会被海浪冲到岸上。

鸟尾蛤科	
分　布	印度洋、太平洋等地
栖息场所	水深 5 ～ 50 米处的沙地
壳　长	6 厘米

【金丝鸟尾蛤】

蛤壳光滑，呈深桃红色。壳后方的放射肋上长有小棘，覆盖着金棕色的壳皮。我们很少能在海岸上捡到它，一般只能通过渔网捕捞。

鸟尾蛤科	
分　布	日本至澳大利亚北部
栖息场所	水深 20 ～ 80 米处的沙地
壳　长	6 厘米

【西施舌】

　　壳近似于三角形，表面为黄白色，壳顶附近则为浅紫色。有黄褐色的壳皮。外壳会被海浪冲到岸上。但是近年来日本全国范围内都出现了数量剧减的现象。

蛤蜊科	
分　　布	中国、日本等地
栖息场所	水深 5 ~ 20 米处的沙地
壳　　长	10 厘米

【大獭蛤】

　　壳为长椭圆形，白色，冠黑褐色壳皮。被海浪冲到岸上的多为壳皮脱落后白色的整壳或碎片。

蛤蜊科	
分　　布	中国、日本等地
栖息场所	水深 5 ~ 20 米处的沙地、沙泥地
壳　　长	10 厘米

【红樱蛤】

　　壳体型长，表面、内面都为淡红色，有光泽。外壳会被海浪冲到岸上。但是近年来有些地方的数量在急剧减少。

樱蛤科	
分　　布	中国、日本等地
栖息场所	潮下带至水深 20 米处的沙地
壳　　长	4 厘米

【扇状白樱蛤】

　　壳薄，白色具光泽，表面平滑，有浅棕褐色的壳皮。我们可以在海岸上捡到它的壳，有时活体也会被冲到岸上来。

樱蛤科	
分　　布	日本北海道以南等地
栖息场所	潮下带至水深 20 米处的沙地、沙泥地
壳　　长	4 厘米

壳为浅桃红色，有光泽。有时我们在海岸边捡到的壳上会有小圆孔，这是扁玉螺（➡P66）干的好事。

壳呈淡淡的红色带黄色，也有些个体长得像白线分明的樱蛤。壳会被海水冲到岸上。

【樱蛤】

樱蛤科	
分　布	中国、日本、菲律宾等地
栖息场所	潮下带至水深 10 米处的沙地、沙泥地
壳　长	1.5 厘米

【虹光亮樱蛤】

樱蛤科	
分　布	中国、日本、菲律宾等地
栖息场所	潮下带至水深 10 米处的沙地、沙泥地
壳　长	1.5 厘米

蛤壳比樱蛤、虹光亮樱蛤都要小，红色更深，后方尖起。外壳会被海浪冲到岸上。

外形与樱蛤、桃花樱蛤相似，但是光泽比较暗淡，体型也比较大。蛤壳会被冲到沙滩海岸上来，偶尔还能见到白色的个体。

【桃花樱蛤】

樱蛤科	
分　布	中国、日本等地
栖息场所	潮下带至水深 10 米处的沙地、沙泥地
壳　长	1 厘米

【花瓣樱蛤】

樱蛤科	
分　布	中国、日本等地
栖息场所	潮下带至水深 30 米处的沙地
壳　长	3 厘米

蛤壳呈三角形，壳面平滑有些许光泽。被海浪冲上沙滩时会乘势钻进沙子里生活，随着潮水在海岸线*附近来来去去。

壳呈三角形，后方有布纹状的刻痕，略有光泽。蛤壳颜色有白、棕褐色等类型。和楔型斧蛤的生活习性相同。

【楔型斧蛤】

斧蛤科	
分　布	日本房总半岛以南等地
栖息场所	潮间带沙滩上浪花能及的地方
壳　长	1 厘米

【紫藤斧蛤】

斧蛤科	
分　布	中国、日本等地
栖息场所	潮间带沙滩上浪花能及的地方
壳　长	1 厘米

＊海岸线：指海面和陆地的交界线。

【截形紫云蛤】

蛤壳很薄，呈扁长的椭圆形。生长线*非常清晰，色彩有浅紫色、红紫色等。壳会被冲到比较平浅的岸边沙滩上。

紫云蛤科	
分　布	中国、日本等地
栖息场所	水深 5～20 米处的沙地
壳　长	4 厘米

* 生长线：随贝壳成长而形成的细线，长粗了就是生长肋。

【紫彩血蛤】

壳呈卵形，较为光滑。浅紫色的壳体上有一层厚厚的黑褐色壳皮。内面也是浅紫色，有一部分是白色。在退潮后的海滩上可以发现它。它的外壳也会被冲到海岸上来。

紫云蛤科	
分　布	中国、日本等地
栖息场所	潮间带至水深 10 米处的沙泥地
壳　长	4 厘米

【日本西施舌】

壳呈椭圆形，较厚，内外均为紫色，带暗哑光泽，有黑褐色的壳皮。在日本全国范围内数量剧减，已经被列入濒危物种名单。

紫云蛤科	
分　布	日本房总半岛以南
栖息场所	潮间带至水深 5 米处的沙地
壳　长	10 厘米

【总角截蛏】

贝壳近似于长方形，长有放射肋，后方有锉刀状的刻痕。粉白色的壳上，从壳顶到壳边有 2 条白色的色带，壳会被浪花冲到岸上。

截蛏科	
分　布	中国、日本等地
栖息场所	潮下带至水深 20 米处的沙地、沙泥地
壳　长	5 厘米

壳体前后伸展呈长方形，黄白色间浅棕色，覆有黄褐色有光泽的壳皮。外壳会被冲到岸边的沙滩上。

【大竹蛏】

竹蛏科	
分　布	中国、日本等地
栖息场所	潮下带至水深 20 米处的沙地、沙泥地
壳　长	15 厘米

壳为浅褐色间紫色，半透明，有浅棕色的壳皮。外壳会被海浪冲上岸边的沙滩，偶尔有双壳完整的个体。

【薄荚蛏】

刀蛏科	
分　布	中国、日本、越南等地
栖息场所	潮下带至水深 20 米处的沙地
壳　长	3 厘米

壳薄，呈长椭圆形，底色为黄白色，表面布满褐色斑点。有时壳会被海浪冲到沙滩上，也有可能捡到双壳完整的个体。

【花刀蛏】

刀蛏科	
分　布	中国、日本等地
栖息场所	潮下带至水深 30 米处的沙地
壳　长	5 厘米

壳体厚，近似圆形，壳身高高鼓起。底色黄白，间棕褐色花纹。内面则是白色的。外壳会被海水冲到岩石海滩上，但多半有磨损。

【帘蛤】

帘蛤科	
分　布	中国、日本、菲律宾等地
栖息场所	水深 5 ～ 30 米处的岩礁间沙地、砂砾地
壳　长	3 厘米

壳体厚，近似三角形，有白色、棕色、浅紫色，以及白色间褐色花纹的个体。生活在面向外海的沙滩上，可食用。外壳会被海浪冲上岸来。

【韩国文蛤】

帘蛤科	
分　布	中国、日本等地
栖息场所	潮下带至水深 10 米处的沙地
壳　长	8 厘米

壳质较厚，近似于圆形，环肋贯穿壳面。包括白色以及白色间黄褐色放射状花纹的类型。外壳会被冲到岸边的沙滩上。

【满月镜文蛤】

帘蛤科	
分　布	中国、日本等地
栖息场所	水深 10 ～ 30 米处的沙地
壳　长	8 厘米

【粗肋横帘蛤】

蛤壳为长椭圆形，环肋有一定宽度，中间有小花纹，从壳顶往下有一段段的色带。在海岸可以捡到它的壳，不过从渔网能收集到更多的数量。

帘蛤科	
分　布	中国、日本等地
栖息场所	水深 10～50 米处的沙地
壳　长	8 厘米

【巴非蛤】

壳呈长椭圆形。表面有光泽，较为光滑，同时也有长着清晰的肋的个体。壳会被海水冲上岸，在台风过后，还可以捡到活体。

帘蛤科	
分　布	中国、日本等地
栖息场所	水深 10～50 米处的沙地
壳　长	8 厘米

【小玉帘蛤】

壳近似三角形，略厚而平。内外有3条放射条纹和网眼花纹。有时会有数量爆发的情况。外壳会被海水冲到岸上来。

帘蛤科	
分　布	日本北海道南部以南等地
栖息场所	潮下带至水深 20 米处的沙地
壳　长	7 厘米

【汛潮环楔形蛤】

蛤壳较扁圆，壳质较厚，底色为黄白色，沿生长脉*有浅紫色的色带，覆有黄褐色的壳皮。外壳会被海水冲到岸边沙滩上。

帘蛤科	
分　布	中国、日本等地
栖息场所	水深 5～20 米处的沙地
壳　长	7 厘米

* 生长脉：指外观非常清晰的生长线。

蛤壳呈卵形，有光泽，底色为棕褐色，沿生长肋有浅紫红色色带。壳会被海浪冲到岸上，不过在渔网里可以收获更多的数量。

【中华长文蛤】

帘蛤科	
分　布	中国、日本等地
栖息场所	水深 5 ~ 50 米处的沙地
壳　长	6 厘米

壳为不对称的椭圆形，表面为白色，环肋清晰。内面是白色，边缘则为红色，这就是"红齿"的由来。可以在海边的沙滩上捡到它的壳。

【红齿篮蛤】

篮蛤科	
分　布	中国、日本等地
栖息场所	潮下带至水深 10 米处的沙地
壳　长	2 厘米

蛤壳半透明，呈长椭圆形，表面有非常细小的颗粒物。壳的内面有珍珠光泽。壳会被海浪冲到沙滩上来。

【截尾薄壳蛤】

鸭嘴蛤科	
分　布	中国、日本等地
栖息场所	潮下带至水深 30 米处的沙地
壳　长	3 厘米

壳为筒状，后部像花瓣一样绽开，前部则有很多根状突起。在海底，它就像斜插进沙子里的刀一样，埋在沙砾中生活。

【巨柱滤管蛤】

滤管蛤科	
分　布	中国、日本等地
栖息场所	水深 10 ~ 50 米处的沙地
壳　长	20 厘米

【半肋安塔角贝】

贝壳如角，壳口圆，向壳顶方向逐渐变尖。颜色有白色、浅肉色等等。在海岸上可以捡到，不过被底拖网等打捞上来的数量更多。

角贝科	
分　布	日本本州东北以南等地
栖息场所	水深 10 ~ 100 米处的沙地
壳　长	8 厘米

【肋弯角贝】

贝壳呈角状，白色。有5 ~ 12根纵肋，壳口近似5 ~ 12边形，最常见的是8边形，所以日语里把它叫做"八角角贝"。贝壳会被冲到岸边的沙滩上。

角贝科	
分　布	日本北海道南部以南等地
栖息场所	潮下带至 50 米处的沙地
壳　长	5 厘米

生活在海湾和滩涂中的贝类

滩涂是什
样的地方

海湾和滩涂

在陆地尽头，向海突出的尖端部分的地形，被称为岬。所谓海湾，就是被两处岬围在中间的区域。

滩涂，指的则是从河川或沿岸顺流而下的泥土砂石，在水流不畅的地方堆积成滩的地方。滩涂一般会在海湾的深处或入海口的潮间带形成。既有像有明海(译者注：位于日本九州的浅海性海湾) 那样大规模的滩涂，也有在小河流的河口形成的小型滩涂。

在这一节，我们将介绍生活在内海和滩涂的主要贝类。

【多型海蜷】

壳质较厚，呈塔形，既有纯黑的个体，也有黑色间白色色带的个体。生活在滩涂或积泥的海湾中。近年来在日本城市近郊的数量急剧减少。

海蜷科	
分　布	中国、日本等地
栖息场所	海湾、滩涂、潮间带的泥地
壳　长	4 厘米

【瘦海蜷】

壳呈塔形，有黑色、灰色、黑色间白色色带等多种颜色的类型。相较于多型海蜷而言生存区域更广，在朝向外海的地方也能见到它的踪迹。

海蜷科	
分　布	中国、日本等地
栖息场所	海湾、潮间带的沙地、泥地、沙泥地
壳　长	3.5 厘米

【烧酒海蜷】

外壳呈细长塔形，壳顶尖，有黑色、灰色、黑色间白色色带等多种颜色的类型。有些表面光滑，有些则长着轮廓分明的肋。

海蜷科	
分　布	中国、日本、韩国等地
栖息场所	海湾、滩涂、潮间带的泥地、沙泥地
壳　长	4 厘米

【珠带拟蟹守螺】

　　螺壳呈塔形，黄褐色底色上有黑褐色的色带。其特征为壳口向外侧突出。近年来，在城市近郊的数量急剧下降。

拟蟹守螺科	
分　布	中国、日本、印度等地
栖息场所	海湾、滩涂、汽水域潮间带的泥地、沙泥地
壳　长	2.5 厘米

【红树拟蟹守螺】

　　螺壳呈粗塔形状。灰白色的底色上有黑褐色、黄褐色等多种颜色的色带。可以在潮间带上部芦苇滩的泥地*上找到它。

拟蟹守螺科	
分　布	中国、日本等地
栖息场所	海湾、滩涂、潮间带的泥地
壳　长	3 厘米

＊泥地：➡ P120

【脉红螺】

　　螺壳体型大，壳质厚重。壳口为红色，表面有黄褐色间黑褐色碎点花纹。主要生活在海湾，外壳会被海浪冲到岸上来。

骨螺科	
分　布	中国、日本等地
栖息场所	海湾、潮间带至水深 20 米的岩礁、沙地、沙泥地
壳　长	10 厘米

【秀丽织纹螺】

　　壳体较厚，有灰、褐、黄褐等多种颜色。螺肋与纵肋交错部分形成一格格凸起。螺壳会被海水冲到岸上来。

织纹螺科	
分　布	中国、日本等地
栖息场所	滩涂、汽水域、潮间带的沙地、沙泥地
壳　长	1.5 厘米

【魁蚶】

　　壳呈盒状、白色，上面覆着深褐色的壳皮。有42条左右的放射肋。它是做寿司的好食材，但近年来在城市近郊数量急剧减少。

魁蛤科	
分　　布	中国、日本、菲律宾等地
栖息场所	海湾、水深 5 ~ 50 米的沙泥地
壳　　长	10 厘米

【毛蚶】

　　壳较厚，呈盒形。白色，有32条左右的放射肋。吃饱了之后身体膨胀起来，就像猴子的腮帮子，所以日语里把这种贝壳叫做"猴颊"。

魁蛤科	
分　　布	中国、日本、朝鲜等地
栖息场所	海湾、潮间带至水深 20 米的沙泥地
壳　　长	4 厘米

【紫贻贝】

　　原产地在地中海。在20世纪20年代由船运输而来，从此传入日本。也叫淡菜、壳菜。

贻贝科	
分　　布	中国、日本等地
栖息场所	海湾、潮间带至水深 20 米的岩礁
壳　　长	6 厘米

【翡翠贻贝】

　　这种贝和紫贻贝一样是外来种，原产地在东南亚。在日本，20世纪60年代被发现以后，在20世纪80年代后开始形成种群。

贻贝科	
分　　布	中国、日本等地
栖息场所	海湾、潮间带至水深 20 米的岩礁
壳　　长	5 厘米

【栉江珧】

　　壳近似三角形，表面比较光滑。有10条左右的放射肋，不过个头大的就不太显眼。它的贝柱可以做寿司的材料，也就是我们说的瑶柱。

江珧科	
分　布	中国、日本等地
栖息场所	海湾、潮间带至水深 20 米的岩礁
壳　长	18 厘米

【太平洋牡蛎】

　　壳形会随所附着的地方而改变。不止海湾，在面向外洋的海港内也可以发现它的踪迹。人工养殖多，是有名的食用贝。

牡蛎科	
分　布	中国、日本等地
栖息场所	海湾、汽水域、潮间带至水深 20 米的岩礁、砂砾地、泥地
壳　长	10 厘米

【拖鞋牡蛎】

　　壳形会随所附着的地方而改变。不过个头大的基本上都是略圆的正方形形状。近年来日本全国范围内的数量激减，近乎灭绝。

牡蛎科	
分　布	日本北海道以南等地
栖息场所	海湾、水深 5～20 米的岩礁、砂砾地
壳　长	10 厘米

【环纹扁满月蛤】

　　壳白色，近似于圆形。有褶状的环肋，冠黄褐色壳皮。最近数量急剧减少，被海浪冲上岸的，基本是死去很久的个体了。

满月蛤科	
分　布	日本北海道南部以南等地
栖息场所	海湾、水深 5～20 米的泥地、砂泥地
壳　长	3 厘米

蛤壳为淡白色，近似球形，有黄褐色的壳皮。在日本濒临灭绝，海岸上能捡到的壳大多已经是亚化石了。

【无齿满月蛤】

满月蛤科	
分　布	中国台湾、日本等地
栖息场所	海湾、潮间带至水深 20 米的沙泥地
壳　长	6 厘米

壳较薄，呈浅黄白色，有黄褐色的壳皮。小型的个体上有红褐色的斑状花纹。作为寿司的材料广为人知，不过近年来数量在急剧减少。

【滑顶薄壳鸟蛤】

鸟尾蛤科	
分　布	中国、日本、韩国等地
栖息场所	海湾、水深 5 ~ 30 米的泥地、沙泥地
壳　长	8 厘米

壳近似于三角形、黄白色，有浅黄褐色的壳皮，也有一些从壳顶到边缘长着褐色的放射带。又名中华马珂蛤，是很有名的食用贝类。

【中国蛤蜊】

马珂蛤科	
分　布	中国、日本、朝鲜等地
栖息场所	海湾、潮间带至水深 20 米的沙地、沙泥地
壳　长	6 厘米

外壳相对较薄，高高鼓起。表面为黄白色，有黄褐色的壳皮。壳内面是白色的，边缘部分为紫红色。

【四角蛤蜊】

马珂蛤科	
分　布	中国、日本等地
栖息场所	海湾、潮间带至水深 20 米的沙地、沙泥地
壳　长	4 厘米

壳质厚，呈白色，后部开口宽，从开口伸出粗粗的水管。是做寿司的有名材料，可是近年来数量在急剧减少。

【海松贝】

马珂蛤科	
分　布	中国、日本等地
栖息场所	海湾、潮下带至水深 20 米的沙泥砾地、泥地
壳　长	15 厘米

壳薄，呈卵形、白色，壳体较边，有褐色的壳皮。从外观看壳很像扇状白樱蛤（➡P74）或粗异白樱蛤，不过它们的生存环境有所不同。

【白樱蛤】

樱蛤科	
分　布	日本北海道南部以南等地
栖息场所	海湾、滩涂、潮间带的泥地、沙泥地
壳　长	4 厘米

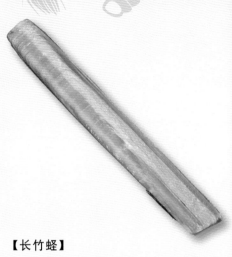

【红明樱蛤】

　　壳质薄，呈卵形，壳面泛光，有褐色的壳皮。外壳色彩有白、桃、黄色等等。壳会被冲上海湾的海岸。

樱蛤科	
分　　布	中国、日本、韩国等地
栖息场所	海湾、滩涂、潮间带的沙泥地
壳　　长	1.5厘米

【长竹蛏】

　　壳为黄白色，有光泽，冠褐色壳皮。埋在沙地深处生活，如果往其生活的洞口撒盐一类的刺激性物质，它会"砰"一下地跳出来。

竹蛏科	
分　　布	中国、日本等地
栖息场所	海湾、潮间带的沙地
壳　　长	10厘米

【菲律宾蛤仔】

　　外壳花纹多种多样。是赶潮时最容易收获的战利品之一，大多生活在海湾中，不过在靠近外海的海域里也有它的踪迹，是广为人知的食用贝类。

帘蛤科	
分　　布	中国、日本、菲律宾等地
栖息场所	潮间带至水深10米的沙地、沙泥地
壳　　长	3厘米

【文蛤】

　　外壳近似于三角形，从壳顶由上至下有放射线状花纹，也有碎点花纹、之字形花纹等个体。近年来全日本范围内的数量都在迅速减少。

帘蛤科	
分　　布	中国、日本等地
栖息场所	海湾、潮间带至水深10米的沙地、沙泥地
壳　　长	6厘米

这种贝类原本生活在美国东海岸至尤卡坦半岛一带。在1998年左右，开始在日本东京湾繁殖，作为外来物种，现在它的产量已经足够成为一种普遍的食材了。

【硬壳蛤】

帘蛤科	
分　　布	美国、加拿大、英国等地
栖息场所	海湾、潮间带至水深 5 米的沙地、沙泥地
壳　　长	8 厘米

蛤壳近似圆形，整体为白色，有细的环肋。多生活在海湾的沙地中。赶潮时除了菲律宾蛤仔，也能看到很多日本镜文蛤。

【日本镜文蛤】

帘蛤科	
分　　布	中国、日本、朝鲜等地
栖息场所	海湾、潮间带至水深 30 米的沙地、沙泥地
壳　　长	5 厘米

壳型圆，表面为橙黄色，内面则是青白色。有黄褐色的壳皮。在海湾深处、滩涂、河口等地方可以找到它。

【青蛤】

帘蛤科	
分　　布	中国、日本等地
栖息场所	海湾、滩涂、潮间带至水深 20 米的沙泥地、泥地
壳　　长	4 厘米

外壳呈长椭圆形，整体为白色，冠黄褐色的壳皮。生活在海湾里沙泥底的深处，可以食用。

【砂海螂】

海螂蛤科	
分　　布	中国、日本等地
栖息场所	海湾、滩涂、潮间带的沙泥地、泥地
壳　　长	8 厘米

蛤壳呈椭圆形，整体为白色，有褐色的壳皮。壳后端开口，粗大的水管从这里伸出。在水产市场中一般被叫做"象鼻棒"。

【日本海神蛤】

缝栖蛤科	
分　　布	中国、日本等地
栖息场所	海湾、潮下带至水深 20 米的沙泥地
壳　　长	10 厘米

外壳为长椭圆形，壳质薄，银白色。壳边缘处有黄褐色壳皮，内面有珍珠光泽。

【渤海鸭嘴蛤】

鸭嘴蛤科	
分　　布	中国、日本、菲律宾等地
栖息场所	海湾、滩涂、潮间带至水深 20 米的沙泥地
壳　　长	4 厘米

生活在深海中的贝类

深海

    水深在 200 米以上的深度称之为深海。水深超过 200 米的海底，是广阔的泥地或沙地（海底是泥的被称为泥底，泥沙混合的则叫做沙泥底）。这里的岩礁因为无法被阳光照射，所以没有海藻生长，珊瑚等刺胞动物也非常稀少。就算在如此深的大海中，仍然有贝类生存。

    这一节，我们将不再按岩礁、沙地等环境来区分，而是分为水深 50 ~ 200 米，与 200 米左右及更深处的海域两部分，介绍在其中生活的贝类。

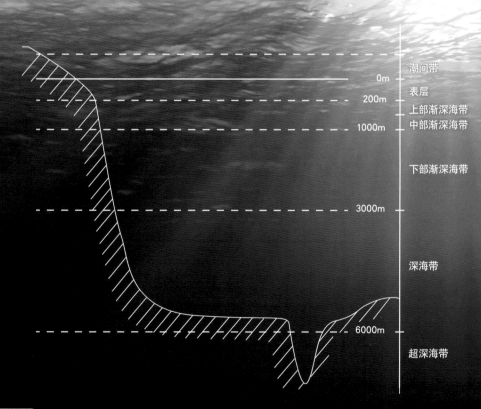

0m —— 潮间带
200m —— 表层
　　　　上部渐深海带
1000m —— 中部渐深海带

下部渐深海带

3000m ——

深海带

6000m ——
超深海带

深50～200米

【草花透孔螺】

壳呈椭圆形，有椭圆形的顶孔。表面有粗肋。整体颜色为棕褐色或黄白色。螺壳上还有12条左右棕褐色的放射带。

裂螺科	
分 布	中国、日本等地
栖息场所	水深20～100米处的岩礁、岩砾地
壳 长	3厘米

【翁戎螺】

螺壳呈圆锥形，表面为红色，上有颗粒状的螺肋。壳口的切痕是其特征。壳口内与轴处都有珍珠光泽。别名又叫长者螺。

翁戎螺科	
分 布	中国、日本等地
栖息场所	水深80～200米处的岩礁、岩砾地
壳 长	8厘米

【陀螺钟螺】

壳为圆锥形，有光泽，底色为淡褐色，有虚线花纹状的褐色螺肋从螺塔延伸而下。靠近缝合线的部分有云状花纹。可以通过底拖网等捕捞得到。

钟螺科	
分 布	中国、日本、韩国等地
栖息场所	水深50～100米处的岩礁、砂砾地、沙地
壳 长	4厘米

【星螺】

螺壳呈矮圆锥形，边缘有8根左右的细长突起。壳表面有红褐色颗粒，底面一部分则是白色的。可以通过底刺网或底拖网等收集到。

蝾螺科	
分 布	中国、日本等地
栖息场所	水深80～200米处的沙地
壳 长	5厘米

【小白蛙螺】

壳呈纺锤形，整体为棕褐色，肩*上有大小不一的瘤排成列。壳口为白色的，轴唇*侧有黑褐色纹路。可以通过底刺网或底拖网等捕捞。

蛙螺科	
分　　布	中国、日本、朝鲜等地
栖息场所	水深 30 ～ 200 米处的岩礁、岩砾地
壳　　长	7 厘米

＊肩：螺的体层上突出的部分

＊轴唇：P12

【玉女宝螺】

螺壳背面有褐色的点，边缘处有黑褐色的纹路。腹面为浅桃红色加橙黄色。通过底拖网可以捕捞得到。

宝螺科	
分　　布	日本、澳大利亚、中国台湾等地
栖息场所	水深 30 ～ 200 米处的岩礁、砂砾地
壳　　长	4 厘米

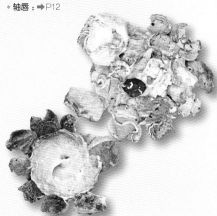

【栗色鹑螺】

螺壳体型大，呈球形。螺壳整体的颜色像巧克力，螺肋清晰。软体部分体积大，呈黑紫色。可以通过底拖网、底刺网收获。

鹑螺科	
分　　布	中国、日本等地
栖息场所	水深 30 ～ 100 米处的沙泥地、沙地
壳　　长	20 厘米

【耙梨缀壳螺】

螺壳整体呈白或黄褐色。喜欢将其他的贝壳、石块、珊瑚等黏附在自己的外壳上。通过底拖网、底刺网等可以捕捞到。

缀壳螺科	
分　　布	日本茨城县以南等地
栖息场所	水深 100 ～ 300 米处的沙泥地、沙地
壳　　长	6 厘米

【阳伞螺】

　　壳为矮圆锥形，边缘呈波浪形。像耙梨缀壳螺那样，壳上也会粘有很多贝壳或石块。通过底拖网、底刺网等可以捕捞得到。

缀壳螺科	
分　布	中国、日本、韩国等地
栖息场所	水深30～100米处的沙泥地、沙地
壳　长	8厘米

【日本斑带鬘螺】

　　壳上有螺状沟*，带棕褐色的方形花纹。也有花纹呈一条直线状相连的个体。可以通过底拖网、底刺网等捕捞到。

唐冠螺科	
分　布	日本、中国台湾等地
栖息场所	水深30～300米处的沙泥地、沙地
壳　长	8厘米

＊螺状沟：沿螺的卷面生长的沟，又称螺沟。

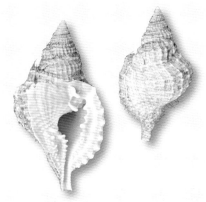

【可爱鬘螺】

　　壳呈卵形。表面光滑，有淡褐色云状花纹。缝合线下面凹陷，内有1根条痕。可以通过底拖网等捕捞到。

唐冠螺科	
分　布	日本房总半岛以南
栖息场所	水深50～300米处的沙地、沙泥地
壳　长	6厘米

【毛扭法螺】

　　其特征为螺旋体外斜。有天鹅绒状的壳皮，壳口为褐色，滑层外延，齿状突起并排。从底刺网中可以收获到。

扭螺科	
分　布	中国、日本等地
栖息场所	水深30～150米处的沙地、砂砾地
壳　长	5厘米

【翼法螺】

壳型扁平，左右两侧长着鸡冠型的翼。壳皮呈天鹅绒状，厣为黑色。可以通过底拖网或底刺网捕捞到。

法螺科		
分　　布	中国、日本、澳大利亚等地	
栖息场所	水深 80～200 米处的沙地、砂砾地	
壳　　长	7 厘米	

【南海法螺】

相当于生活在深海中的白法螺。特征是比白法螺个头小，颜色淡，软体部分色浅。可以用底拖网或底刺网捕捞到。

法螺科		
分　　布	日本等地	
栖息场所	水深 80～200 米处的岩礁、沙泥地、砂砾地	
壳　　长	20 厘米	

【绮蛳螺】

螺壳为白色加淡褐色，有光泽，每层都有片状的纵肋。螺层*高，厣为黑色。可以用底拖网打捞到。

海蛳螺科		
分　　布	中国、日本、印度尼西亚等地	
栖息场所	水深 30～100 米处的沙泥地	
壳　　长	5 厘米	

【长海蛳螺】

白色螺壳，靠近螺塔的部位为淡黄色。壳层表面螺肋与纵肋交错形成布纹状。厣呈糖稀色。是海蛳螺科中体型最大的一种。

海蛳螺科		
分　　布	中国、日本等地	
栖息场所	水深 30～80 米处的沙地、沙泥地	
壳　　长	8 厘米	

* 螺层：➡P12

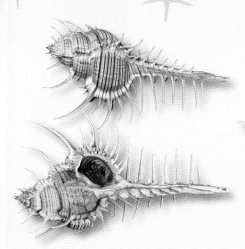

【女巫骨螺】

壳上长着细长的尖棘。螺壳整体为黄褐色，有棕褐色的条纹图案。可以用底刺网捕捞到。

骨螺科	
分　布	中国、日本等地
栖息场所	水深 60 ～ 150 米处的沙地、沙泥地
壳　长	16 厘米

【岩棘芭蕉螺】

螺壳为淡褐色，每旋转120度长一排棘，往肩部棘逐渐变长。壳口白色，水管较长，厣则为黑褐色。可以通过底拖网或底刺网捕捞到。

骨螺科	
分　布	中国、日本等地
栖息场所	水深 80 ～ 200 米处的沙地、沙泥地
壳　长	10 厘米

【四翼芭蕉螺】

壳体上有发达的翼鳍，有些扁平，有些则起褶皱。螺壳的色彩有黄褐色、褐色，还有白色间褐色色带等个体。会挂在底刺网上被捞上来。

骨螺科	
分　布	中国、日本、韩国等地
栖息场所	水深 10 ～ 100 米处的岩礁、砂砾地
壳　长	5 厘米

【三角芭蕉螺】

壳体平滑。底色为淡褐色，有褐色色带或间断的花纹。每120度翼鳍发达，水管较长，厣较薄，呈褐色。

骨螺科	
分　布	中国、日本等地
栖息场所	水深 80 ～ 200 米处的砂砾地
壳　长	5 厘米

【日本塔肩棘螺】

　　壳整体为白色，老龄个体壳质会变厚。肩部排列着三角形的棘，螺肋似鳞片状深嵌入壳体。从底刺网等中可以捕捞到。

骨螺科	
分　布	日本房总半岛以南等地
栖息场所	水深 50 ～ 200 米处的砂砾地
壳　长	5 厘米

【褐管蛾螺】

　　这种螺的形态、花纹都很丰富，日本海产的个体条纹清晰，被称为"丝卷蛾螺"。用底拖网、底刺网等可以捕捞到。

蛾螺科	
分　布	中国、日本、朝鲜等地
栖息场所	水深 30 ～ 200 米处的砂砾地
壳　长	5 厘米

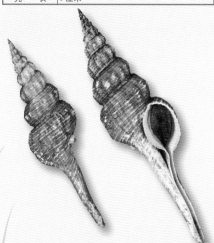

【圆长旋螺】

　　螺壳体型较大，白色，偶尔有间棕褐色花纹的个体。有些个体边缘处呈棱角状。其特征是脐孔长在壳口和水管中间。

旋螺科	
分　布	中国、日本、韩国等地
栖息场所	水深 50 ～ 150 米处的砂砾地
壳　长	18 厘米

【白笔螺】

　　螺壳呈纺锤形，壳质厚，颜色为白色或白色间褐色花纹。披橄榄色薄壳皮。活体状态下螺壳通常很脏。

笔螺科	
分　布	中国、日本、韩国等地
栖息场所	水深 80 ～ 200 米处的沙地、砂砾地
壳　长	8 厘米

【西宝芋螺】

　　壳底为白色，分散着褐色的斑纹。活体的螺壳上还有黄褐色的壳皮。底刺网可以捕捞到，不过主要还是靠底拖网打捞上来。

芋螺科	
分　　布	中国台湾、日本等地
栖息场所	水深80～200米处的沙泥地
壳　　长	8厘米

【车轴螺】

　　螺壳呈纺锤形，壳色近似于浅黄褐色，肩上有小颗粒。壳口上部呈弓状切入，厣小，是黄褐色的。可以通过底拖网等捕捞到。

卷管螺科	
分　　布	日本等地
栖息场所	水深80～200米处的沙泥地、沙泥地
壳　　长	6厘米

【杨梅卷管螺】

　　螺壳较厚，整体呈黄褐色，有褐色的条痕或斑点。生活在砂泥地里的个体螺壳较脏，但生活在砂砾地里的壳色就较为清晰。

卷管螺科	
分　　布	中国、日本、马来西亚等地
栖息场所	水深50～150米处的沙泥地、砂砾地
壳　　长	8厘米

【钻笋螺】

　　壳体极为细长，呈黄褐色。螺肋和纵肋交错形成布纹状，在缝合线以下的位置旋转而上，2列小突起并排。可以通过底拖网捕捞到。

笋螺科	
分　　布	中国、日本、马来西亚等地
栖息场所	水深30～100米处的沙地、沙泥地
壳　　长	10厘米

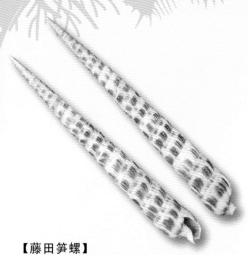

【藤田笋螺】

壳体长，底色为黄色，间褐色斑纹，纵肋清晰。有些个体与旗杆笋螺极为相似，很难区别。可以用底刺网或底拖网捕捞到。

笋螺科	
分　布	日本房总半岛以南等地
栖息场所	水深 50 ～ 100 米处的沙地、沙泥地
壳　长	14 厘米

【锈粗饰蚶】

外壳呈长盒状。有28条左右的放射肋，披黑褐色壳皮。是蚶科中生活在较深海域的种类。通过底拖网等可以捕捞到。

蚶科	
分　布	中国、泰国、日本、马来西亚等地
栖息场所	水深 50 ～ 100 米处的沙泥地
壳　长	5 厘米

【圆蚶蜊】

壳型较扁平，黄褐色。冠棕褐色壳皮。年幼的个体近似圆形，随着年龄不断增长，壳体会向后面延伸。可以用底拖网捕捞到。

蚶蜊科	
分　布	中国、日本等地
栖息场所	水深 50 ～ 300 米处的沙泥地
壳　长	4 厘米

【细肋栉孔扇贝】

壳小而薄，形状较扁平，桃红色与白色放射带相间。与异纹栉孔扇贝（译者注：又名多彩海扇蛤）同属，但栖息于更深的地方，多附着在石头或贝壳上。

扇贝科	
分　布	中国、日本等地
栖息场所	水深 50 ～ 300 米处的沙地、沙泥地
壳　长	3 厘米

【无棘海菊蛤】

蛤壳为橙红色、橙黄色，左壳有细肋，也有一些个体长小棘。右壳附着于岩礁或石头上。可以用底刺网捕捞到。

海菊蛤科	
分　布	中国、日本、菲律宾等地
栖息场所	水深 50 ～ 200 米处的岩礁
壳　长	5 厘米

【白帘蛤】

蛤壳呈卵形，较厚，表面有薄片状的放射肋。壳为白色，但也有带褐色色带的个体。可以用底拖网捕捞到。

帘蛤科	
分　布	中国、日本等地
栖息场所	水深 50 ～ 200 米处的沙泥地
壳　长	5 厘米

【靓巴非蛤】

壳较薄，长椭圆形。底色为黄褐色，有放射线状花纹或短纹。可以用底拖网、底刺网捞到。有时，用来捕章鱼的陶罐里也会带上这种靓巴非蛤。

帘蛤科	
分　布	中国、日本、越南、韩国等地
栖息场所	水深 30 ～ 100 米处的沙地、沙泥地
壳　长	10 厘米

【华贵杓蛤】

壳薄，前部圆，后部像鸟喙一样伸长，形状特殊。壳体为白色，披着黄褐色的壳皮。可以用底拖网捕捞到。

杓蛤科	
分　布	日本房总半岛以南等地
栖息场所	水深 50 ～ 200 米处的沙泥地
壳　长	4 厘米

【玉珠银钟螺】

螺壳近似圆锥形，整体带珍珠光泽，银白色，冠棕褐色壳皮，肩部有结节排列。不过也有无结节的个体。

钟螺科	
分　布	中国、日本等地
栖息场所	水深 150 ～ 300 米处的沙泥地
壳　长	5 厘米

【阿古屋钟螺】

壳薄，表面为带珍珠光泽的浅红褐色或黄白色，有细螺肋。薄薄的厣呈糖稀色。可以用底拖网捕捞。

钟螺科	
分　布	日本等地
栖息场所	水深 180 ～ 500 米处的沙泥地
壳　长	2.5 厘米

【草绿钟螺】

壳为白色，披黄白色壳皮，表面的螺肋上并排长着细颗粒。大多数年老、大龄个体螺塔都被腐蚀。可以通过底拖网捕捞。

钟螺科	
分　布	日本等地
栖息场所	水深 300 ～ 1000 米处的沙泥地
壳　长	4 厘米

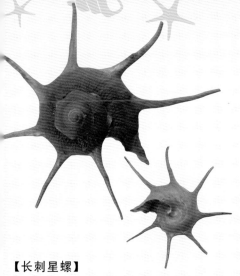

【长刺星螺】

　　壳体为矮圆锥形，边缘有7根左右的呈弓形弯曲的长棘。厣则为椭圆形、白色。可以用底拖网捕捞。

蝶螺科	
分　布	中国、日本等地
栖息场所	水深 200 ～ 500 米处的沙泥地
壳　长	10 厘米（包括棘）

【皱塔玉螺】

　　螺壳整体为白色，冠黄褐色的壳皮。缝合线下有深深的刻痕。厣为糖稀色。用底拖网可以打捞得到。

玉螺科	
分　布	中国、日本等地
栖息场所	水深 150 ～ 300 米处的沙泥地
壳　长	2.5 厘米

【梨形鹑螺】

　　螺壳薄，呈卵形。棕褐色的表面布满细细的螺肋。与黄口鹑螺同属，与锉纹鹑螺一起生活在大海深处。可以用底拖网捕捞得到。

鹑螺科	
分　布	中国、日本等地
栖息场所	水深 150 ～ 300 米处的沙泥地
壳　长	7 厘米

【玉珠粗皮鬈螺】

　　螺壳整体为白色，披黄褐色壳皮。15条左右的螺肋上并排长着颗粒状突起。厣较厚，呈棕褐色。用底拖网可以捕捞上来。

唐冠螺科	
分　布	中国、日本等地
栖息场所	水深 250 ～ 500 米处的沙泥地
壳　长	6 厘米

【贻色鬘螺】

　　螺壳呈卵形、肉色。通常在肩部有尖尖的突起，不过也有些个体是平坦的。可以用底拖网捕捞。

唐冠螺科	
分　布	中国、日本、菲律宾、澳大利亚等地
栖息场所	水深 200 ～ 300 米处的沙泥地
壳　长	10 厘米

【奥赖根法螺】

　　白色螺壳上有淡褐色的肋，覆有黄褐色的壳皮。老龄个体壳皮会脱落，粘上海底的污秽物。可以用底拖网等捕捞。

法螺科	
分　布	日本等地
栖息场所	水深 150 ～ 300 米处的沙泥地
壳　长	10 厘米

【白口峨螺】

　　螺壳呈白色或浅黄白色，有黄白色的壳皮，表面有多条螺肋。厣为糖稀色、椭圆形。可以用底拖网或捕虾笼*等捕捞。

峨螺科	
分　布	日本等地
栖息场所	水深 200 ～ 800 米处的沙泥地、泥地
壳　长	8 厘米

【黑潮峨螺】

　　壳呈纺锤形，为白色或浅褐色，有黄白色的壳皮。螺壳表面有 4 ～ 7 条螺肋。可以用底拖网、底刺网、捕虾笼等捕捞。

峨螺科	
分　布	日本
栖息场所	水深 180 ～ 500 米处的沙地、沙泥地
壳　长	8 厘米

　　＊ 捕虾笼：在笼中放入饵食后浸入海中，用于捕虾。

螺壳为白色，纵肋上成列生长着小棘。长在肩部的小棘最长。可以用底拖网、底刺网、捕虾网等捕捞到。

【金刚海胆骨螺】

骨螺科	
分　布	日本
栖息场所	水深 150 ～ 300 米处的沙泥地
壳　长	4 厘米

【强肋涡螺】

　　壳质较厚，纵肋分明，壳口的轴有2～4处褶皱。壳色为肉色，上有之字形花纹。用底拖网、底刺网可以捕捞到。

涡螺科	
分　布	日本
栖息场所	水深 150 ～ 400 米处的沙泥地、泥地
壳　长	12 厘米

螺壳上有粗纵肋，与螺肋交织部分形成粒状。每个个体的肋形都有可能不同。可以用底拖网、底刺网、捕虾网捕捞到。

【珍丽峨螺】

峨螺科	
分　布	中国、日本等地
栖息场所	水深 150 ～ 300 米处的沙泥地
壳　长	5 厘米

壳色为棕褐色，有的个体纵肋明显，有的则较细浅，有些肩部还呈突起状。可以用底拖网、底刺网捕捞。

【旋梯螺】

　　外形如螺旋式楼梯螺层。年轻的个体壳为浅棕紫色，随着生长，壳的颜色会渐渐变成黄褐色。可以用底拖网等捕捞。

卷管螺科	
分　布	日本、菲律宾等地
栖息场所	水深 200 ～ 400 米处的沙泥地
壳　长	8 厘米

【栏杆卷管螺】

卷管螺科	
分　布	中国、日本等地
栖息场所	水深 150 ～ 300 米处的沙泥地
壳　长	7 厘米

壳薄，呈长卵形，白色。壳皮为黄褐色，有光泽。内面也是白色的，边缘呈锯齿状。可以用底拖网捕捞到。

【大鳖甲蛤】

吻状蛤科	
分　布	日本
栖息场所	水深180～400米处的沙泥地、泥地
壳　长	3厘米

壳质较厚，呈白色，冠黑绿色的壳皮。肋从壳顶延伸至边缘，在壳中央分成左右两边。用底拖网可以捕捞。

【银锦蛤】

胡桃蛤科	
分　布	中国、日本、韩国等地
栖息场所	水深50～300米处的沙泥地、泥地
壳　长	3厘米

壳体较薄，呈圆卵形，壳面有光泽，一般为白色或黄白色。表面有40条左右的放射肋。可以通过底拖网、底刺网等捞到。

【史密斯锉蛤】

锉蛤科	
分　布	日本等地
栖息场所	水深200～700米处的岩礁、砂砾地
壳　长	8厘米

【大羽锉蛤】

大型壳，壳质较厚，呈圆卵形。表面为黄白色，有暗哑光泽。活着的时候会用足丝附着在石头或岩礁上。用底拖网、底刺网可以捕捞到

锉蛤科	
分　布	日本等地
栖息场所	水深150～300米处的砂砾地、沙泥地
壳　长	15厘米

【白瓜贝】

壳呈长椭圆形，白色或浅黄白色，披着黄白色的厚质壳皮。生活在有甲烷或硫化氢的深海。是日本相模湾的特有种*。

雪瓜蛤科	
分　布	日本相模湾
栖息场所	水深700～1200米处的沙泥地
壳　长	12厘米

* **特有种**：仅存于某地区的种类。

过着浮游生活的贝类

游啊
游啊

浮游生活

大多数贝类的幼生期，都像浮游生物一样在海面上漂浮着生活。它们中的大部分在成年后，都会在某处定居下来。但是有一些贝类在成年后，仍然过着浮游生活。

比如，紫螺（➡ P104），会分泌出黏液，包裹住空气制成"筏"漂浮在海上，以水母为食。像这样的贝类，一生都不会下沉到海底去。

在这一节（P103 ~ P105），我们将介绍这些终生过着浮游生活的贝类。

▲过着浮游生活的琉璃紫螺

【紫螺】

　　螺壳薄，呈浅蓝紫色，底面则为深蓝紫色。以泡状的筏过着浮游生活，以僧帽水母、银币水母等为食。

海蜗牛科	
分　布	全世界的暖流海域
栖息场所	表层域
壳　长	2.5厘米

【琉璃紫螺】

　　螺壳薄而鼓。整体呈蓝紫色。与紫螺过着同样的浮游生活，以捕食银币水母、帆水母等为生。

海蜗牛科	
分　布	全世界的暖流海域
栖息场所	表层域
壳　长	3.5厘米

【阔船蛸】

壳为雌性分泌的物质制造出来的，质地似塑料，被用来保护养育下一代。雄性则无壳。偶尔外壳会被浪花冲到岸上。又名灰海马巢。

船蛸科	
分　布	全世界的温带、热带海域
栖息场所	表层域
壳　长	8厘米

【钩龟螺】

龟螺科的外形因种类不同而多样，有筒形、针形、菱形、龟形等等。钩龟螺的壳为栗色，侧边和后方有棘。

龟螺科	
分　布	太平洋的温带、热带海域
栖息场所	表层域
壳　长	0.5厘米

【扁船蛸】

此种贝类体型大，可达25厘米。雌性有壳，雄性无壳。在暖流影响较强的时候，会被浪潮打上岸。其别名叫纸鹦鹉螺。

船蛸科	
分　布	全世界的温带、热带海域
栖息场所	表层域
壳　长	15厘米

毛蚶

收集指南

你有没有去海边捡过贝壳呢？

经过第1章到第3章的学习，

你有没有一丝心动，想要拥有自己的贝壳？

但是，等一下！大海虽然充满魅力，

也蕴含着很多危险。

在这一章，我们将介绍在收集贝壳时

应该注意的地方和应该遵守的守则。

现在，让我们踏上收集贝壳的旅途吧！

认识大海！

去海边时要注意

要收集贝壳，需要经常到海边去。为此我们需要具备一些常识，首先，让我们从安全措施开始。

- **警惕地震、海啸！**
  提前留意周围可以立即避难的场所。

- **在台风或低气压等天气时，尽量不要到海边去**

- **不要一个人去海边，要成群结伴地去**

- **对于第一次去的地方，要提前观察好环境**

- **在海边突出的岩石边缘处要十分小心，避免摔落**
  在浪高的地方，海底很可能有极大落差的深陷地形。

- **避免去防波的钢筋水泥石块附近**
  这种场所海浪通常较高，石块上有藻类附着，容易滑倒。

- **如果开始涨潮，尽快返回岸上安全处**

- **对危险的生物有所了解**

- **穿着适合在海边活动的服装**
  在海岸边上行走时不应穿着沙滩凉拖，最好穿运动鞋。摔倒时可能会因为藤壶或牡蛎造成严重伤害，应戴上手套。

- **冬天注意防寒，夏天应小心避免中暑**
  冬天要穿足够保暖的衣服，夏天要准备好帽子及饮用水。

注意危险的生物！

大海中有很多有毒的生物。为了避免事故，我们应该掌握关于危险生物的知识。

危险的贝类

芋螺家族中的杀手芋螺、织锦芋螺、条纹芋螺等会放出"毒箭"，捕杀鱼类。它们外观非常美丽，但可有因徒手触摸而致死的案例。

这些是在日本本州的南部以南及中国台湾可能见到的危险贝类。

杀手芋螺

大家一定要小心哦！

海滨的危险生物

【短叫灯水母】

全长6~8厘米，毒性强。但因身体呈透明状，很难发现，对于海水浴场的客人们是潜在危险。

【长刺海胆】

壳径为5~8厘米，棘长近20厘米，属于海胆类。它的棘容易折断，一旦被刺中会遭受剧痛。

【蓝环章鱼】

全长10厘米左右，是小型章鱼。毒性剧烈，一旦被咬即能致命。

【鬼鲉】

在海滨的积潮处比较常见的鱼，长约5厘米。背鳍有毒。

【鳗鲇】

白天躲在阴暗的岩石间。背鳍和胸鳍有毒棘，被刺中的话，会感受到比被鬼鲉刺中还要剧烈的疼痛。

被海水冲到岸上的危险生物

【僧帽水母】

俗称电水母，其触手带有极强的毒素。在海浪汹涌的时候经常被冲到岸上来。

【赤魟】

尸体会被冲到海岸上。尾部有带毒的棘。另外，日本鳗鲶也经常被冲到岸上来，需要提高警惕。

观察、收集贝壳的方法

观察、收集的守则

我们在采集贝壳的时候，都会不由自主地想采集很多。然而，我们还应考虑贝类对于生态平衡的重要性，谨慎地进行采集。如果只是为了观察，那我们可以拍下照片，然后把它放归海洋。在采集贝壳的时候，要注意尽量控制到最低数量。也要注意不采集正在产卵的贝类（或个体）。

另外，在收集贝壳时，不要破坏岩石或珊瑚。一块石头的里里外外，可能有很多生物居住着。把翻开的石头摆回原样，也是很重要的守则哦。

准备的物品

桶
用来装采集到的贝壳

镊子
用来夹出生活在岩石裂缝等中的贝类以及寄生在海星等身上的小型贝类

放大镜
用于观察小型的贝类

望水镜
在不能潜水的情况下，用于观察水中情形的工具

刮钩
用来撬下附着在岩石上的贝。（要注意在设置了共同渔业权(➡P112)的地方，有可能被认定为偷渔行为）

小铲子、钉耙
便于观察、采集生活在沙中的贝类

塑料容器
用来带回收集到的贝壳。因为在海滨有可能摔倒，所以玻璃容器是绝对禁止的

急救用品
在海滨有可能会受伤，要准备好消毒药品、创口贴等外用急救用品。万一被有毒生物伤害，要马上前往最近的医院就诊

相机
在现场拍摄贝类的生态照，也是用来记录地形、景观等的必要工具

笔记本
用来记录观察到的情形、大海的状况等信息

海洋生物

口袋图鉴
可以当场查找自己发现的贝壳名称及相关信息

各种各样的观察、收集方法

贝类的观察和收集方法多种多样。在这里我们将介绍一些主要方法。

拾起被冲到海岸上的贝

首先是在海岸上拾贝，这是最简单高效的办法。虽说什么季节都可以到海边捡贝壳，但冬天是最适宜的。因为冬季海水水温下降，贝类死亡的数量会变多。此外，台风或低气压过境后也可以留意，特别是在特大台风过境的 2～3 日后，会有很多的贝壳被冲到岸上来。有一些海岸会进行清扫活动，所以要收集的话，最好早上早一些出门。

不是每一处海岸都适合进行贝壳收集。例如被包围住的陡壁、单个的岩礁ˇ、没有空间让贝类进入的海岸等，都不适合拾贝。在两侧突出的海岸上中间形成海湾，这种口袋式海滩，经常会有贝壳被冲上来。另外，在平坦绵延的沙滩，河口周边等地也会有很多贝壳。

被海水冲上岸的贝

▲贝壳容易上岸的口袋式海滩

岩礁：➡P120

大潮时在海滩或沙滩上观察、收集

在潮涨潮落差别大的大潮时期，我们可以在海滩或沙滩的潮间带[*]上观察、收集贝类。潮涨落的时间，我们可以事先从网上或潮汐表查到。例如，退潮时间是 11 点的话，这是潮落的高峰时间。如果 11 点才到现场的话，潮水很快会涨回来的。所以至少要提前1 个小时以上到达海边，才能有充足的时间观察和收集贝壳。

在退潮后的海滩上，我们可以在岩缝、石底等地方寻找贝类。在沙滩或湿地[*]上，就要像赶海那样，用钉耙或铲子来挖开沙子和泥土，找到隐藏的贝类。

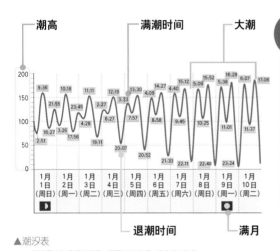

▲潮汐表
根据日本气象局《潮汐、海面水位数据 潮位表》制成

知识补充

共同渔业权

在日本，渔业从业者因生活所需，需要保护本地海洋中的鱼类和贝类。共同渔业权正是为了保护这一权益而设置的法律。在不同海域，受限定的鱼类和贝类也不同。但贝类中主要是蝾螺、鲍鱼等被列入限定对象。如果任意捕捞将受处罚。

通过潜水观察、收集

对于生活在潮间带更深处的贝类，需要通过浮潜或深潜去观察、收集。在岩礁中，可以留意岩缝或石头里面。在沙地，可以用手拨开沙子寻找贝壳。注意一定不能逞强，要在大人或专业潜水人员的带领下进行。

潮间带：➡ P120　　　湿地：➡ P120

在渔港收集

渔民们用各种各样的渔网捕鱼。用底拖网或底刺网捕捞时，会兼捕到很多贝类。这些贝类作为副产品，没有商品价值的通常会被丢弃。我们可以在征得渔民的同意下，收集这些贝类。在渔港参观或捡拾贝类时要注意，不要妨碍渔民们的工作。

▲渔网（底刺网）

交换

世界上有很多对贝壳感兴趣的人，他们结成了贝壳同好会。我们可以在网上查到这些收藏或交换信息。交换这种方式需要得到对方的信任，所以要求与其他贝类收藏者进行良好的沟通，要准备好用于交换的贝壳的详细信息。交换，是收集世界范围内贝类的一种手段。

在市场、鱼店等地方收集

市场、鱼店中贩卖的一般都是食用的贝类。我们也可以购买这些贝类，进行收藏。不同地方会有不同的贝类被当做食物，有些地方还可以收集到法螺、夜光蝾螺、大千手螺等大型贝壳。

此外，品尝贝类菜肴时也可以趁机收集贝壳。顺便提醒大家，银鱼料理中经常混有筒蝶螺、尖菱蝶螺这些浮游性的贝类，吃的时候可以留意一下哦。

▲筒蝶螺

其他收集方法

用拖捞网收集：用拖捞网（采集海底生物的一种工具）能够有效采集到生活在深海中的小型贝类。在社会研究机构和大学等进行的研究中经常被使用。

购买：贝类是具有国际价格的商品。有一种专门从事收集各种贝类的人叫做贝商，宝螺等高价的贝壳标本都是他们的目标。如果是自己采集或交换都找不到的贝类，也可以尝试从贝商那里买。

观察 在海岸拾到的贝壳!

被冲到海岸上来的贝类的特征

被冲到海岸上的大部分贝壳，都是生活在水深 20 米以内的浅海区域的种类。就算是大型台风引起的波浪，也影响不到更深的地方。

被冲到海岸上的贝，很少能保持原有的形状，大部分都受到磨损、或者有洞等等。要收集到高质量的标本，需要多跑几次海边呢。

▲磨损了的贝壳

▲贝壳的碎片

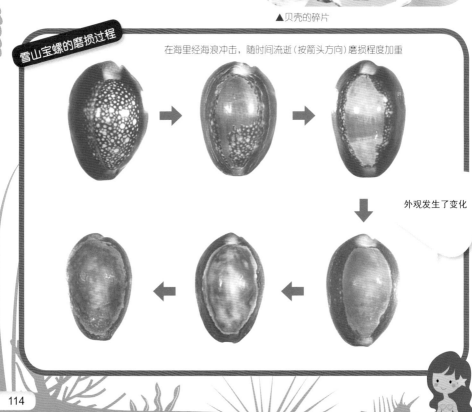

雪山宝螺的磨损过程

在海里经海浪冲击，随时间流逝（按箭头方向）磨损程度加重

外观发生了变化

在沙滩上能拾获的贝

　　被冲上岸的贝壳，因海岸的地形不同，种类也不同。在沙滩上的话，大多都是会钻进沙子里生活的双壳贝，比如樱蛤（➡ P75）、篮蛤（➡ P79）等。螺类有肋蜎螺（➡ P65）、扁玉螺（➡ P66）等等。

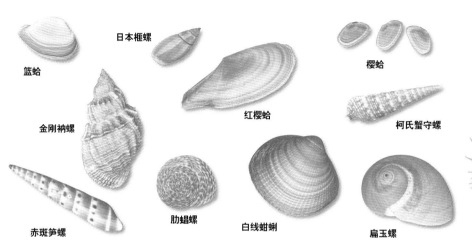

篮蛤

日本榧螺

樱蛤

金刚衲螺

红樱蛤

柯氏蟹守螺

赤斑笋螺

肋蜎螺

白线蚶蜊

扁玉螺

在岩堆中能拾获的贝

　　岩堆一带，被冲上来的贝类大多生活在岩礁里。螺类可能有宝螺类或九孔鲍（➡ P42）、马蹄螺（➡ P43）、黑齿法螺（➡ P55）等。双壳贝则有江户布目蛤（➡ P63）、紫氏房蛤（➡ P63）等。

九孔鲍

玳瑁芋螺

角蝶螺

白星宝螺

马蹄螺

雪山宝螺

紫氏房蛤

江户布目蛤

毛盖螺

黑齿法螺

制作贝壳标本!

标本的制作方法

1 处理在海岸上捡到的贝类

在海岸上捡到的贝类，基本都只有外壳。用自来水充分冲洗掉盐分，然后晾干即可。

用自来水冲洗，在阴凉处晾干

2 处理活着的贝类

如果在海边收集到了活着的贝类，可以将它放进沸水锅中煮，螺类可用针将螺肉取出（除肉）。这种方法也适用于钟螺科或笠螺科等双壳贝。但是，煮过头的话贝壳会出现龟裂，所以这种方法不适用于宝螺等有光泽的贝壳类。

在不伤害壳体而除肉的方法中，还可以等螺肉腐烂后再将其取出。不过腐烂会产生恶臭，要注意不要影响周围的人或环境。

在除肉时，要把厣取下来单独保存起来。

在锅里煮了以后，将厣拿下，去除肉。厣和螺肉可以用针（贝壳体型大的可以用螺丝刀）取出

3　贝壳的清洗及其他

对于标本来说，厣非常重要。在除肉时取下的厣，要么保管在同一处，要么往壳口塞棉花，把厣用黏合剂粘上去。

对于那些沾有很多附着物的贝壳，可以将它放入次氯酸钠溶液（即家庭用的漂白剂）稀释后的液体中，浸泡半天到一天后取出，再放到清水里泡几小时。这样就可以很轻松地取下那些附着物了。第二天，把它放在阴凉处晾干，再用刮刀之类的把附着物除去。

当然，能保持贝壳原有的样子是最理想的。所以一开始在收集时，就应该尽量选择附着物少的贝壳。

> **注意**　用水稀释次氯酸钠溶液的时候，要小心不要弄到眼睛里。如果弄到皮肤上，要马上冲水洗掉。

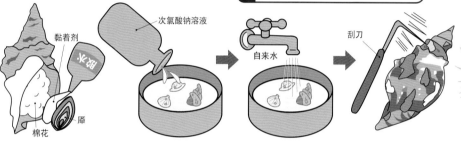

往壳口塞棉花，用黏合剂粘上口盖

对于附着物多的贝壳，先用次氯酸钠溶液的稀释液浸泡，再泡清水，然后用刮刀清除

4　鉴定

收集到的贝壳需要进行鉴定。所谓鉴定，就是确定贝壳的种类。首先要查找图鉴，根据图片来判断。如果图鉴上查不到，可以去请教博物馆的专家、贝壳收藏家等专业人士。

5　给贝壳做标签

确认了贝壳的种类后，我们就可以动手制作标签了。标签上除了品种和名称，还应记录采集地点、采集日期、采集人等信息。如果一个贝壳标本没有标签，其学术价值会大打折扣。

No.　73	
中文名	**斗笠螺**
采集地点	**中国台湾花莲县大港口**
采集日期　**2016.5.3**	采集者　**王明**

▲标签示例

标本的等级

为了判断贝壳标本的质量，世界上有通用的等级标准。用我们的话来说就是优、良、中。这样可以方便地与贝类收藏家进行交换。

成贝且无缺陷、有厣的特级标本为优（Gem）。虽然有缺陷但作为标本质量尚佳的是良（F）。在海岸就可以拾到的个体为中（G）。这是大体的区分法，再往细分还有 F++、F−、G+ 等表示方法。

贝壳的保存方法

要保存好贝壳，避光非常重要。在紫外线的照射下，贝壳的颜色会逐渐褪去。为了遮挡光线，最好把贝壳放入盒子，然后存放在暗处。

除湿也是很重要的一环。贝壳在湿气重的环境中会发霉，失去光泽。特别是宝螺类，会因为发霉而失去光泽，壳身发白。在制作标本的过程中，如果没有把肉去除干净，也容易发霉，所以除肉时一定要仔细。为了不让湿气侵染我们的贝壳，可以把贝壳装进自封袋，并放干燥剂，存放在非常干燥的环境里。

此外，如宝螺类等大多通过交换或购买得到的贝壳，都是经过很多人触摸，壳身通常较脏，所以我们也需要经常用酒精等试剂擦拭、清洁贝壳。

为了隔绝湿气等侵害，将贝壳放进密封袋

拜恩病

拜恩病指的是从木质的标本箱等地方生成、释放出甲醛或乙酸，通过空气中的水分，对贝壳造成腐蚀性的伤害。为预防这种伤害，我们可以将贝壳放入密封袋，或者将标本箱置于通气性良好的地方。

有关贝类的各种问题

濒危种类

填埋海岸、改修河道、道路建设等造成了自然海岸的减少，再加上海洋污染的影响，不仅是贝类，其他海洋生物的数量都在衰减。最近，日本各地都在发行红皮书，记录受威胁的野生动植物的相关信息，其中也介绍了濒危的贝类。

例如，在 2001 年日本相模湾的红色名录上记录了 111 种贝类，其中已灭绝的有 28 种，濒临灭绝的有 39 种，数量减少的有 44 种。灭绝的包括文蛤（➡ P86）、无齿满月蛤（➡ P85）等。濒临灭绝的包括日本东风螺（➡ P69）、西施舌（➡ P74）等。数量减少的包括大赤旋螺（➡ P58）、玳瑁芋螺（➡ P59）等等。

外来物种

有一些贝类，是通过船从海外被运输至日本的海中，随即定居下来的。这些贝类被称为外来物种。根据记录，通常被称为青口的紫贻贝（原产欧洲）（➡ P83），是在 1920 年左右来到日本的。1968 年，指甲履螺（原产美国西海岸）（➡ P49）进入日本。1972 年，黑荞麦蛤（原产澳洲）也来到了日本。它们都在日本生存繁衍。最近原本分布于加拿大至墨西哥一带的硬壳蛤定居到日本东京湾后继续繁衍生息，甚至可以被食用。

任意放生的危害

有时为了赶海时能有更多收获，一些渔民会把其他产地的蛤仔 * 等外来贝类撒入海中。这种时候，如果海里混入了原先没有的种类，它们的繁殖就会搅乱原有的生态系统。作为贝类的天敌，佛徒玉螺混在幼贝中，从中国和韩国进入日本，对日本各地的贝类生存造成了威胁。

*贝类幼体

贝类的栖息场所1：潮间带的区分

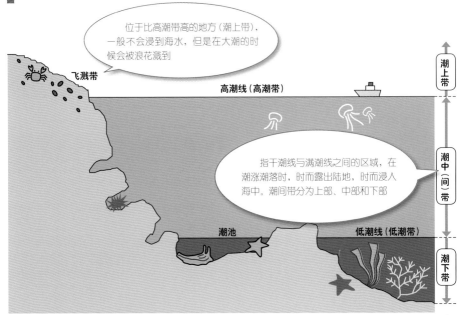

位于比高潮带高的地方（潮上带），一般不会浸到海水，但是在大潮的时候会被浪花溅到

飞溅带

高潮线（高潮带）

指干潮线与满潮线之间的区域，在潮涨潮落时，时而露出陆地，时而浸入海中。潮间带分为上部、中部和下部

潮池

低潮线（低潮带）

潮上带

潮中（间）带

潮下带

贝的栖息场所2　海的地形

指干潮线以下的部分，就算退潮时也仍然浸在海水中

沙地… 沙子集中的地方。有沙的海岸叫沙滩。

泥沙地… 沙和泥土混杂的地方。

泥地… 泥集中的地方。

砂砾地… 沙和砾（比沙子颗粒大）混杂的地方。

泥砾地… 泥和砾混杂的地方。

沙泥砾地… 沙、泥、砾混杂的地方。

贝壳质沙地… 贝壳和沙子混杂的地方。

贝壳质砂砾地… 贝壳、沙和砾混杂的地方。

碎石地带… 全是石头的地方。

岩礁… 指岩石带。既包括深海海底的岩石，也包括潮涨潮落时海水来回拍打的海边岩石。

岩砾地… 多砾的岩石带。

珊瑚礁… 珊瑚类生物生活、聚集形成的地形。

潮间带… 大潮期的最高潮位和大潮期的最低潮位间的海岸。

汽水域… 淡水和海水交汇的地方。比如河口处或陆上的湿地等。

索引

A

阿古屋钟螺···········p.98

阿拉伯宝螺·······p.18，p.52

爱龙宝螺···········p.52

凹马螺···········p.13

奥赖根法螺···········p.100

澳大利亚喇叭螺···········p.13

B

巴非蛤···········p.78

白笔螺···········p.94

白蝶贝·····p.24，p.25，p.31

白法螺·p.16，p.26，p.29，p.54，p.92

白瓜贝·····p.17，p.21，p.102

白口峨螺···········p.100

白兰地涡螺···········p.31

白帘蛤···········p.97

白线蚶蜊····p.27，p.72，p.115

白线卷管螺(卷管螺科)·····p.16，
　　p.20，p.70

白星宝螺·····p.52，p.115

白星螺·········p.15，p.46

白岩螺···········p.56

白樱蛤···········p.85

斑带鬘螺···········p.67

半肋安塔角贝(类)····p.21，p.79

薄荚蛏···········p.77

北极蛤···········p.19

贝币···········p.24

贝毒···········p.35

贝塚···········p.35

贝壳浮雕···········p.25

贝壳纽扣···········p.24

贝壳陀螺···········p.29

贝鲰···········p.11

贝镯···········p.27

贝紫···········p.25

边网壳菜蛤···········p.61

扁船蛸···········p.105

扁玉螺·····p.12，p.16，p.66，
　　p.75，p.115

玻芬宝螺···········p.50

渤海鸭嘴蛤···········p.87

C

草花透孔螺···········p.89

草绿钟螺···········p.98

蟾蜍蛙螺···········p.55

长板宽柱海笋(类)····p.21，p.63

长刺海胆···········p.109

长刺星螺···········p.99

长海蜥螺···········p.92

长竹蛏·········p.32，p.86

朝鲜花冠小月螺···········p.46

车轮螺···········p.71

车轴螺···········p.95

碎碟·········p.13，p.17

齿列···········p.50

齿轮钟螺···········p.44

齿舌···········p.15

赤斑笋螺·········p.71，p.115

赤虹···········p.109

触手···········p.61

刺刀酸浆···········p.29

刺面履螺···········p.49

粗肋横帘蛤···········p.78

粗肋结螺···········p.57

粗瘤黑钟螺···········p.43

吹海酸浆···········p.29

索引

锉纹鹑螺 · · · · · · · · · · p.99

D

大鲍螺 · · · · · · · · · · · p.42
大鳌甲蛤 · · · · · · · · · · p.102
大赤旋螺 · · · · · · · · p.58，p.119
大岛恋蛤 · · · · · · · · · · p.21
大千手螺 · · · · · · · · · · p.113
大蛇螺 · · · · · · · · · · · p.49
大驼石鳖 · · · · · · · · · · p.39
大獭蛤 · · · · · · · · · · · p.74
大星笠螺 · · · · · · · · · · p.27
大羽锉蛤 · · · · · · · · · · p.102
大竹蛏 · · · · · · · · · · · p.77
玳瑁芋螺 · · · · p.59，p.115，p.119
丹氏象法螺 · · · · · · · · · p.55
淡水珍珠蚌 · · · · · · · · · p.25
顶盖螺 · · · · · · · · · · · p.48
斗笠螺 · · · · · · · · · · · p.40
杜氏小节贝 · · · · · · · · · p.41
短滨螺 · · · · · · · · p.15，p.47
短石蛏(类) · · · · · · p.21，p.61
短翼珍珠贝 · · · · · · · · · p.61
短叶灯水母 · · · · · · · · · p.109
多彩海扇蛤 · · · · · · · · · p.96
多型海蜷(类)·p.17，p.20，p.21，p.81

E

峨螺 · · · · · · · · · · · · p.34
二色裂江珧 · · · · · · · · · p.72

F

法螺 · · · · · · · p.13，p.26，p.113
方格织纹螺 · · · · · · · · · p.68
放射肋 · · · · · · · · · · · p.13
翡翠贻贝 · · · · · · · · · · p.83

费雷亚峨螺 · · · · · · · · · p.58
佛徒玉螺 · · · · · · · · · · p.119
浮标宝螺 · · · · · · · · · · p.51
浮雕 · · · · · · · · · · · · p.25
覆瓦牡蛎 · · · · · · · · · · p.63

G

蛤仔 · · · · · p.14，p.32，p.34，
p.35，p.86，p.119
高腰蝾螺 · · · · · · · · · · p.45
公螺 · · · · · · · · · · · · p.43
钩龟螺 · · · · · · · · · · · p.105
古琴多子螺 · · · · · · · · · p.45
谷米螺 · · · · · · · · · · · p.21
龟甲宝螺 · · · · · · · · · · p.27
龟螺(科) · · · · · · · · · · p.21
龟足 · · · · · · · · · · · · p.11
鬼鲉 · · · · · · · · · · · · p.109

H

海扇偏盖螺 · · · · · · · · · p.17
海松贝 · · · · · · p.34，p.35，p.85
海酸浆 · · · · · · · · p.29，p.69
海王星峨螺 · · · · · · · · · p.34
海之荣光芋螺 · · · · · · · · p.31
韩国文蛤 · · · · · p.24，p.34，p.77
褐管峨螺 · · · · · · · · · · p.94
黑潮峨螺 · · · · · · · · · · p.100
黑齿法螺 · · · · · · · p.55，p.115
黑蝶贝 · · · · · p.24，p.25，p.31
黑盘鲍 · · · · · · · · · · · p.42
黑荞麦蛤 · · · · · · · · · · p.119
黑线车轮螺 · · · · · · · · · p.71
红鲍 · · · · · · · · · · · · p.34
红齿篮蛤 · · · · · · · p.79，p.115
红海星寄生螺 · · · · · · · · p.17

红花宝螺 · · · · · · · · · · p.
红娇凤凰螺 · · · · · · · · · p.
红口蛙螺 · · · · · · · · · · p.
红麦螺 · · · · · · · · · · · p.
红明樱蛤 · · · · · · · · · · p.
红树拟蟹守螺 · · · · · · · · p.
红樱蛤 · · · · · · · · p.74，p.1
虹光亮樱蛤 · · · · · · · · · p.
厚壳贻贝 · · · · · · · · · · p.
胡魁蛤 · · · · · · · · · · · p.6
花斑蕾螺 · · · · · · · · · · p.4
花瓣樱蛤 · · · · · · · · · · p.7
花边青螺 · · · · · · · · · · p.4
花带玉螺 · · · · · · · · · · p.6
花刀蛏 · · · · · · · · · · · p.7
花麦螺 · · · · · · · · · · · p.5
花猫宝螺 · · · · · · · · · · p.5
花焰笔螺 · · · · · · · · · · p.5
华贵杓蛤 · · · · · · · · · · p.9
华贵栉孔扇贝 · · · · · · · · p.6
滑顶薄壳鸟蛤 · · · · · · p.34，p.8
环纹扁满月蛤 · · · · · · · · p.8
黄宝螺 · · · · · · · · p.24，p.5
黄口鹑螺 · p.16，p.21，p.66，p.99
灰海马巢 · · · · · · · · · · p.105
灰算盘蛤 · · · · · · · · · · p.63

J

吉良芋螺 · · · · · · · · · · p.59
纪伊法螺 · · · · · · · · · · p.55
嫁帽螺 · · · · · · · · · · · p.40
尖菱蝶螺 · · · · · · · · · · p.113
江户布目蛤 · · · · · · p.63，p.115
江户樱蛤 · · · · · · · · · · p.75
角蝾螺 · · · p.14，p.15，p.19，p.34，
p.45，p.48，p.115

玉米卷管螺···········p.70

瑞氏卷管螺···········p.70

尾薄壳蛤············p.79

紫云蛤·············p.76

海胆骨螺···········p.101

衲螺·········p.70, p.115

不宝螺·············p.53

蝶螺·············p.34

丝鸟尾蛤···········p.73

鲍·······p.34, p.42, p.115

酸浆·············p.29

螺··············p.59

柱滤管蛤···········p.79

K

氏蟹守螺·······p.65, p.115

板··············p.39

菜··············p.83

顶··············p.12

高··············p.13

口··············p.12

宽··············p.12

毛··············p.61

皮··············p.12

长···········p.12, p.13

爱鬘螺·············p.91

盖··············p.12

蚰·······p.27, p.34, p.83

船蛸············p.105

唇凤凰螺···········p.27

L

杆卷管螺··········p.101

环章鱼···········p.109

蜎螺弹球儿·········p.29

㟖角贝············p.79

梨皮宝螺···········p.51

梨形鹑螺···········p.99

李斯娥螺···········p.58

李斯钟螺·····p.15, p.32, p.43

荔枝螺·············p.56

栗螺··············p.17

栗色鹑螺···········p.90

笠螺(科)···p.14, p.21, p.32, p.116

粒结节滨螺···········p.47

帘蛤··············p.77

炼珠蛹螺·······p.29, p.35

靓巴非蛤···········p.97

菱角螺·············p.54

琉璃紫螺·······p.103, p.104

卵梭螺(海兔螺科)·······p.21

螺层··············p.12

螺钿··············p.25

螺沟··············p.66

螺肋··············p.12

螺塔··············p.12

螺状沟·············p.91

M

马螺··············p.13

马氏珠母贝····p.25, p.38, p.61

马蹄螺···p.15, p.34, p.43, p.115

玛瑙宝螺···········p.50

麦螺··············p.57

脉红螺···p.25, p.27, p.29, p.35, p.82

满月镜文蛤···········p.77

鳗鲶·············p.109

猫焦掌贝···········p.51

毛肤石鳖···········p.39

毛盖螺·······p.48, p.115

毛蚶·········p.35, p.83

毛扭法螺···········p.91

玫瑰骗梭螺···········p.54

玫瑰原梭螺···········p.53

密纹泡螺···········p.59

墨西哥蛤···········p.24

牡蛎·········p.35, p.108

N

南非鲍·············p.34

南海法螺···········p.92

尼姬芋螺···········p.71

拟初雪宝螺·······p.18, p.50

鸟尾蛤·············p.73

鸟爪拟帽贝·······p.15, p.40

牛蹄钟螺·····p.24, p.31, p.34

扭钟螺·············p.44

女郎花宝···········p.50

女王唐冠螺···········p.25

女巫骨螺·······p.27, p.93

O

欧洲扇贝···········p.26

P

耙梨缀壳螺······p.90, p.91

平濑宝螺···········p.31

菩萨麦螺···········p.57

Q

脐部··············p.43

脐孔··············p.12

脐盘··············p.12

旗杆笋螺···········p.96

企鹅珍珠贝·····p.24, p.25

绮蛳螺·············p.92

前背缘·············p.61

前闭壳肌痕···········p.13

索引

前端 · · · · · · · · · · · · p.51
前沟 · · · · · · · · · · · · p.12
前缘 · · · · · · · · · · · · p.13
钱包海扇蛤 · · · · · · · · p.73
嵌条扇贝 · · · · · · p.17, p.72
强肋涡螺 · · · · · · · · · p.101
俏皮宝螺 · · · · · · · · · · p.53
青蛤 · · · · · · · · · · · · p.87

R

韧带 · · · · · · · · · · · · p.13
日本斑带鬘螺 · · · · · · · p.91
日本宝螺 · · · · · · · · · · p.31
日本东风螺 · · · p.16, p.19, p.29,
　　　　　　　p.69, p.119
日本榧螺 · · · · · · p.70, p.115
日本海峨螺 · · · · · · · · · p.34
日本海神蛤 · · · · · · p.34, p.87
日本镜文蛤 · · · · · · · · · p.87
日本卷管螺 · · · · · · · · · p.59
日本壳菜蛤 · · · · · · · · · p.61
日本偏口蛤 · · · · · · · · · p.63
日本蝾螺 · · · · · · · · · · p.46
日本笋螺 · · · · · · · · · · p.71
日本塔肩棘螺 · · · · · · · · p.94
日本西施舌 · · · · · · · · · p.76
日本小眼宝螺 · · · · · · · · p.49
日本竹笋凤凰螺 · · · · · · · p.65
日月蛤 · · · · · · · · · · · p.73
乳头玉螺 · · · · · · · · · · p.66
软帽峨螺 · · · · · · · · · · p.68
软体动物 · · · · · · · p.10, p.24

S

赛氏毛蚶 · · · · · · · · · · p.72
三角芭蕉螺 · · · · · · · · · p.93

三棱骨螺 · · · · · · · · · · p.55
僧帽水母 · · · · · · · · · · p.109
杀手芋螺 · · · · · · · · · · p.108
砂皮海螺 · · · · · · · · · · p.87
鲨皮宝螺 · · · · · · · · · · p.53
山羊海菊蛤 · · · · · · · · · p.62
扇贝 · · · · · · · · · · · · p.34
扇状白樱蛤 · · · · · · p.74, p.85
烧酒海蜷 · · · · · · · · · · p.81
杓蛤 · · · · · · · · · · · · p.17
生长肋 · · · · · · · · · · · p.13
石榴螺 · · · · · · · · · · · p.16
史密斯锉蛤 · · · · · · · · · p.102
寿司宝螺 · · · · · · · · · · p.51
瘦海蜷 · · · · · · · · · · · p.81
瘦毛法螺 · · · · · · · · · · p.55
水管 · · · · · · · · · · · · p.55
水字螺 · · · · · · · · · · · p.26
丝卷峨螺 · · · · · · · · · · p.94
四角蛤蜊 · · · · · · · p.32, p.85
四翼芭蕉螺 · · · · · · · · · p.93
寺町宝螺 · · · · · · · · · · p.31
松叶笠螺 · · · · · · · · · · p.40
素面黑钟螺 · · · · · · p.15, p.43
素面织纹螺 · · · · · · · · · p.68
酸浆贝 · · · · · · · · · · · p.11

T

塔星螺 · · · · · · · · · · · p.46
太平洋牡蛎 · · · p.34, p.35, p.84
唐冠螺 · · · · · · · · · · · p.25
桃花樱蛤 · · · · · · · · · · p.75
藤壶 · · · · · · · · · p.11, p.108
藤田笋螺 · · · · · · · · · · p.96
体层 · · · · · · · · · · · · p.12
天狗角螺 · · · · · · · p.29, p.69

天禄海兔螺 · · · · · · · · · p
条纹鬘螺 · · · · · · · · · · p
条纹芋螺 · · · · · · · · · · p.1
铁锈长旋螺 · · · · · · p.29, p.
铁栅笔螺 · · · · · · · · · · p
拖鞋牡蛎 · · · · · · · · · · p
陀螺钟螺 · · · · · · · · · · p

W

外唇 · · · · · · · · · · · · p.
外套膜 · · · · · · · · · · · p
外套窦 · · · · · · · · · · · p
万宝螺 · · · · · · · · · · · p.
王子宝螺 · · · · · · · · · · p
网纹松螺 · · · · · · · · · · p
围棋子 · · · · · · · · · · · p
文蛤 · p.28, p.32, p.34, p.35, p.86, p.1
翁戎螺 · · · · · · · · · p.30, p.
蜗牛 · · · · · · · · · · p.10, p.
无齿满月蛤 · · · · · · p.85, p.1
无棘海菊蛤 · · · · · · · · · p.9

X

西宝透孔螺 · · · · · · · · · p.4
西宝芋螺 · · · · · · · · · · p.9
西施舌 · · · · · · · · · p.74, p.11
蟋蟀蟹守螺 · · · · · · · · · p.4
习见锉蛤 · · · · · · · · · · p.6
细肋栉孔扇贝 · · · · · · · · p.9
蚬(类) · · · · · · · · · p.20, p.3
象拔蚌 · · · · · · · · · · · p.1
象鼻棒 · · · · · · · · · · · p.8
小白蛙螺 · · · · · · · · · · p.90
小海螄螺 · · · · · · · · · · p.9
小枇杷螺 · · · · · · · · · · p.6
小玉帘蛤 · · · · · · · · · · p.7

丨斧蛤　· · · · · · · · · · · p.75
芝螺　· · · · · · · · · · · · p.39
累　· · · · · · · · · · · · · · p.89
丽织纹螺　· · · · · · · · · p.82
旦饰蚶　· · · · · · · · · · · p.96
弟螺　· · · · · · · · · · · · p.101
山宝螺　· · · p.50, p.114, p.115
色海菊蛤　· · · · · · · · · p.62
朝环楔形蛤　· · · · · · · · p.78

Y

菁螺　· · · · · · · · · · · · p.41
洲千手螺　· · · · · · · · · p.56
管蜗牛　· · · · · · · · · · · p.20
辣芭蕉螺　· · · · · · · · · p.93
壮蛎　· · · · · · · · · p.34, p.62
高鲍　· · · · · · · · · · · · p.19
伞螺　· · · · · · · · · · · · p.91
梅卷管螺　· · · · · · · · · p.95
斑宝螺　· · · · · · · · · · · p.52
带钟螺　· · · · · · · · · · · p.44
柱　· · · · · · · · · · p.34, p.84
孔蝛　· · · · · · · · · · · · p.41
光蝶螺　· p.24, p.25, p.34, p.113
色鬘螺　· · · · · · · · · · · p.100
法螺　· · · · · · · · · · · · p.92
锦蛤　· · · · · · · · · · · · p.102
塔钟螺　· · · · · · · · · · · p.24
形大熊宝螺　· · · · · · · · p.51
度铅螺　· · · · · · · · · · · p.26
蛤　· · · · · · · · · p.75, p.115
壳蛤　· · · · · · · · p.87, p.119
荔枝螺　· · · · · · · p.25, p.56
壳　· · · · · · · · · · · · · p.62
舟蜒螺　· · · · · · · · · · · p.47
女宝螺　· · · · · · · · · · · p.90

玉珠粗皮鬘螺　· · · · · · · p.99
玉珠银钟螺　· · · · · · · · p.98
芋螺　　p.16, p.27, p.30, p.48, p.108
圆草席钟螺　· · · · · · · · p.44
圆蚶蜊　· · · · · · · · · · · p.96
圆长旋螺　· · · · · · · · · p.94

Z

簪沙蚕　· · · · · · · · · · · p.11
枣螺　· · · · · · · · · · · · p.59
长者螺　· · · · · · · · p.30, p.89
褶纹冠蚌　· · · · · · · · · p.20
珍丽峨螺　· · · · · · · · · p.101
珍珠　· · · · · · · · · · · · p.25
正织纹螺(科)　· p.16, p.21, p.67
织锦芋螺　· · · · · · · · · p.108
纸鹦鹉螺　· · · · · · · · · p.105
指挥扇酸浆　· · · · · · · · p.29
指甲履螺　· · · · · · · p.49, p.119
栉江珧　· · · · · · · · p.34, p.84
栉孔扇贝　· · · · · · · · · p.60
智利鲍鱼　· · · · · · · · · p.34
中国不等蛤　· · · · · · · · p.62
中国蛤蜊　· · · · · · · p.32, p.85
中华马珂蛤　· · · · · · · · p.85
中华文蛤　· · · · · · · · · p.34
中华长文蛤　· · · · · · · · p.79
轴　· · · · · · · · · · · · · p.46
轴唇(内唇)　· · · · · · · · p.12
皱红螺　· · · · · · · · · · · p.68
皱塔玉螺　· · · · · · · · · p.99
珠宝钟螺　· · · · · · · · · p.45
珠带拟蟹守螺　· · · · · · · p.82
紫彩血蛤　· · · · · · · · · p.76
紫孔雀壳菜蛤　· · · · · · · p.60
紫螺(海蜗牛科) · p.21, p.103, p.104

紫氏房蛤　· · · · · · p.63, p.115
紫藤斧蛤　· · · · · · · · · p.75
紫贻贝　· · · · · p.19, p.83, p.119
总角截蛏　· · · · · · · · · p.76
纵肋　· · · · · · · · · · · · p.12
纵张肋　· · · · · · · · · · · p.48
足丝　· · · · · · · · · · · · p.38
钻笋螺　· · · · · · · · · · · p.95
左壳　· · · · · · · · · · · · p.62

想学会哪个
词呢？

125

中国的贝壳展馆

　　贝壳是一种天然的艺术品，是来自海洋深处一道靓丽的风景，是大自然鬼斧神工的杰作。贝壳带给人们对于大海的无限想象，尤其成为了孩子们的最爱。下面就给大家介绍国内的几家贝壳博物馆，让我们欣赏来自世界各地稀有珍贵、天然美丽的贝壳艺术品。

● 大连贝壳博物馆
　　电话：0411-84801470
　　邮箱：dlsm.ok@163.com
　　地址：大连市沙河口区星海广场D区2号

● 青岛贝壳博物馆
　　客服电话：0532-80982120　　订票电话：0532-80982121
　　网站：www.qdsm.org
　　地址：山东省青岛市西海岸新区漓江路680号唐岛湾步行街

● 亚龙湾贝壳馆
　　电话：0898-88568268
　　地址：海南省三亚市亚龙湾国家旅游度假区中心广场

● 鼓浪屿贝壳博物馆
　　地址：福建省厦门市鼓浪屿鼓声路5号

● 天津古贝壳展览馆
　　地址：天津市大港区迎宾街131号

● 旗津贝壳博物馆
　　地址：台湾高雄旗津海岸公园游客中心二楼

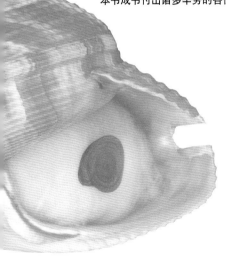

50 年
来，我一直以
家乡的海为中心对贝
类进行调查和研究。20多岁
的时候，我为了贝壳几乎每天都到
海边去。之所以如此热爱，既有研究上的
原因，也缘于我自己深深沉醉于贝壳形状之美
的缘故。我深信，贝壳的造型和花纹，超越了人类的艺
术范畴，是大自然的匠心独运。

此外，我始终认为"不能独占和生物相关的收藏"。在本书的第4章《贝
壳收集指南》中，我也强调了采集贝壳一定要控制在必要的最小范围内。
一定要好好保管被剥夺了生命的贝壳标本，充分地利用它们。因此，在本书
中出现的标本都是我的收藏。

这本书里介绍了各种与贝类相关的主题。我很乐意看到大家因此开始收藏贝壳，或
作艺术用途等等，以贝类为契机去体验感受各种各样的生物。希望唤起大家对贝类的兴趣，从
而珍惜、爱护大自然。

最后，借本书出版之际，我要感谢让我执笔的实业之日本社公司，以及担
任编辑的g.Grape公司的堀田展弘先生、矢野杏女士、担任摄影的石原敦志先生等，为
本书成书付出诸多辛劳的各位。请允许我在结束语中对各位表示衷心的感谢。

池田 等

图书在版编目(CIP)数据

奇妙的贝类：爱自然巧发现 ／（日）池田 等著；王玥，雨晴译. —— 北京 ：中国林业出版社，2017.2
ISBN 978-7-5038-8144-2

Ⅰ. ①奇… Ⅱ. ①池… ②王… ③雨… Ⅲ. ①贝类－青少年读物 Ⅳ. ①Q959.215-49

中国版本图书馆CIP数据核字(2017)第047669号

撰文	池田 等
编辑·设计	g.Grape株式会社
摄影	石原敦志 等
标本提供	池田 等
插图	下田麻美
照片提供	池田 等，Photo Library，PPS通信社，嵯峨螺钿·野村，稻冈染色店，千叶市立加曾利贝冢博物馆，Payless images
资料提供	大坂友子，片山昭
主要参考文献	《软体动物学概说（上卷）》波部忠重·奥谷卓司·西胁三郎编（Scientist社），《软体动物学概说（下卷）》波部忠重·奥谷卓司·西胁三郎编（Scientist社），《海滨采集学》池田等（东京书籍），《海边拾贝手册》池田等（文一综合出版），《宝贝指南》池田等·淤见庆宏（东京书籍），《相模湾濒危贝类红色名录》池田等·仓持卓司·渡边政美（叶山潮骚博物馆），《贝壳图鉴 采集和标本的制作方法》行田义三（南方新社），《日本近海产贝类图鉴》奥谷乔司编（东海大学出版会），《贝壳考古学》忍泽成视（同成社），《原色图鉴 世界的贝类》鹿闻时夫·堀越增兴（北陆馆）

奇妙的贝类

出 版	中国林业出版社 （100009 北京西城区德内大街刘海胡同 7 号）
网 址	http://lycb.forestry.gov.cn
电 话	(010) 83143580
发 行	中国林业出版社
印 刷	北京雅昌艺术印刷有限公司
版 次	2017 年 6 月第 1 版
印 次	2017 年 6 月第 1 次
开 本	787mm×1092mm 1/32
印 张	4
字 数	100 千字
定 价	32.00 元